社会消防安全教育培训系列教材

Xiaofang Jichu Zhishi

消防基础知识

《社会消防安全教育培训系列教材》编委会　编著

中国环境出版集团·北京

图书在版编目（CIP）数据

消防基础知识 / 《社会消防安全教育培训系列教材》编委会编著. -- 北京：中国环境出版集团，2014.1（2024.1重印）
社会消防安全教育培训系列教材
ISBN 978-7-5111-1670-3

Ⅰ. ①消… Ⅱ. ①社… Ⅲ. ①消防－安全培训－教材 Ⅳ. ①TU998.1

中国版本图书馆CIP数据核字(2013)第292011号

出 版 人　武德凯
责任编辑　顾芮冰
责任校对　薄军霞
装帧设计　金　喆

出版发行　中国环境出版集团
（100062　北京市东城区广渠门内大街16号）
网　　址：http://www.cesp.com.cn
电子邮箱：bjgl@cesp.com.cn
联系电话：010-67112765（编辑管理部）
发行热线：010-67125803，010-67113405（传真）
印　　刷　北京中科印刷有限公司
经　　销　各地新华书店
版　　次　2014年1月第1版
印　　次　2024年1月第4次印刷
开　　本　787×1092　1 / 16
印　　张　11.25
字　　数　350千字
定　　价　45.00元

社会消防安全教育培训系列教材

编委会

前　言

为了预防和减少火灾事故的发生，提高社会各单位的消防安全意识，帮助社会各单位切实履行消防安全职责，依据《中华人民共和国消防法》、《机关、团体、企业、事业单位消防安全管理规定》、《重庆市消防条例》、《建筑设计防火规范》、《高层民用建筑设计防火规范》、《建筑内部装修设计防火规范》等有关消防法律法规和技术规范，结合重庆市消防工作实际情况，编写本教材。

编写本教材主要为使培训对象了解、掌握燃烧学基础、火灾基础知识、消防法规基本常识、电气防火、建筑防火等相关消防知识，提升培训对象了解火灾、处置火灾的能力。该教材还附录了《中华人民共和国消防法》、《机关、团体、企业、事业单位消防安全管理规定》、《重庆市消防条例》等消防法律法规，供大家学习参考。

本教材作为基础知识教材，力求通俗易懂，第一、二、三章适合于《社会消防安全教育培训大纲（试行）》规定的全部13类人员学习使用，第四、五章为自动消防系统操作、消防安全监测人员、建设工程设计人员、建设工程消防设施施工、监理、监测、维保等执业人员学习使用。

本教材由刘梅梅、谢添、罗盛、郭盛友、张向阳、杨翔、姜利、朱艳、邢佳佳、杨灿剑、张媛等同志编写，庞钧、李伟民修订，周崇敏审定。由于时间仓促，作者水平有限，编写中存在不知之处，敬请广大读者指正。

目 录

第一章　燃烧学基础 1

第一节　燃烧的本质和条件 /2
第二节　燃烧类型 /4
第三节　燃烧产物 /7
第四节　燃烧过程 /9

第二章　火灾基础知识 12

第一节　火灾的概念与分类 /13
第二节　火灾成因分析 /23
第三节　火灾扑救 /25
第四节　火场疏散逃生 /33

第三章　消防法规基本常识 48

第一节　消防工作的方针和原则 /49
第二节　消防法规体系 /52
第三节　消防行政处罚 /57
第四节　消防相关法律法规对各类人员的职责要求 /60
第五节　消防刑事处罚 /88

第四章　电气防火 91

第一节　电气线路、电气设备防火 /92
第二节　防雷电、防静电 /95
第三节　电气防爆 /98

第五章　建筑防火 101

第一节　建筑火灾的发展和蔓延规律 /102
第二节　建筑材料的燃烧性能分级、建筑物耐火等级 /106
第三节　生产和储存物品的火灾危险性分类 /111
第四节　建筑总平面布局 /113
第五节　建筑防火、防烟分区 /115
第六节　防火分隔设施 /117
第七节　安全出口、疏散通道 /119
第八节　建筑防烟排烟 /122
第九节　消防电气 /124
第十节　建筑内部装修 /127
第十一节　建筑防爆 /131

附　录 132

附录 1　中华人民共和国消防法 /133
附录 2　重庆市消防条例 /146
附录 3　机关、团体、企业、事业单位消防安全管理规定令 /159
附录 4　重庆市消防设施管理规定 /169

第一章

燃烧学基础

Ranshao Xue Jichu

第一节 燃烧的本质和条件

一、燃烧的概念

燃烧是可燃物与氧化剂作用发生的放热反应，通常伴有火焰、发光和（或）发烟的现象。

近代链锁反应理论认为：燃烧是一种自由基的链锁反应也称链式反应，其反应机理大致可分为链引发、链传递、链终止三个阶段。

燃烧过程中的化学反应十分复杂。可燃物质在燃烧过程中，生成了与原来完全不同的新物质。燃烧不仅在空气（氧）存在时能发生，有的可燃物在其他氧化剂中也能发生燃烧。

二、燃烧的条件

任何物质发生燃烧，都有一个由未燃烧状态转向燃烧状态的过程，只有具备一定的条件，燃烧才能发生和发展。

（一） 燃烧的必要条件

燃烧必须具备三个必要条件：可燃物、助燃物（氧化剂）和引火源。只有在三个条件同时具备的情况下，可燃物质才能发生燃烧。

用“燃烧三角形”（图 1-1），来表示无焰燃烧的必要条件非常确切，但对有焰燃烧，因过程中存在未受抑制的自由基作中间体，因而燃烧三角形需增加一个坐标，形成燃烧四面体（图 1-2）。即有焰燃烧的发生需要四个必要条件：可燃物、助燃物（氧化剂）、引火源和链式反应。

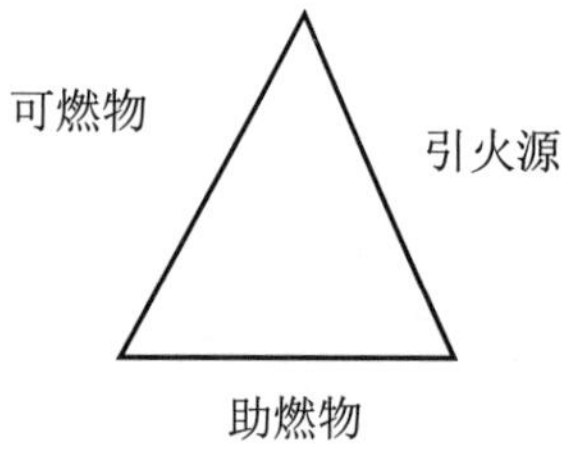

图 1-1 燃烧的三角形

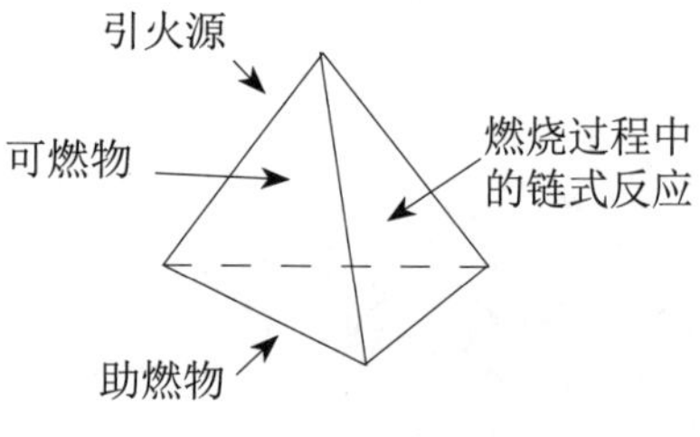

图 1-2 燃烧的四面体

1. 可燃物

凡是能与空气中的氧或其他氧化剂发生燃烧反应的物质，都称为可燃物。可燃物按其物理状态分为气体、液体和固体三类。

有些物质在通常情况下不燃烧，但在一定的条件下又可以燃烧。例如，赤热的铁在纯氧中能发生剧烈燃烧；赤热的铜在纯氯气中能发生剧烈燃烧；铁、铝本身不燃，但把铁、铝粉碎成粉末，不但能燃烧，而且在一定条件下会发生爆炸。

2. 助燃物（氧化剂）

与可燃物质相结合能导致燃烧的物质称为助燃物（也称氧化剂）。通常燃烧过程中的助燃物主要是氧。

某些物质也可作为燃烧反应的助燃物，如氯、氟、氯酸钾等。也有少数可燃物，如低氮硝化纤维、硝酸纤维的赛璐珞等含氧物质，一旦受热后，能自动释放出氧，不需外部助燃物就可发生燃烧。

3. 引火源

使物质开始燃烧的外部热源称为引火源。引火源温度越高，越容易点燃可燃物质。根据引起物质着火的能量来源不同，生产生活实践中引火源通常有明火、高温物体、化学热能、电热能、机械热能、生物能、光能和核能等。

4. 链式反应

链式反应就是当某种可燃物受热时，它不仅会发生汽化，而且可燃物的分子会发生热裂解作用，即它们在燃烧前会裂解成更简单的分子。这些分子中一些原子间的共价键常常会发生断裂，生成自由基。由于它是一种高度活泼的化学形态，能与其他的自由基和分子反应，从而使燃烧持续下去。

（二）燃烧的充分条件

具备了燃烧的必要条件，并不意味着燃烧必然发生。在各种必要条件中，还应有“量”的要求，即燃烧发生的充分条件。

1. 一定的可燃物浓度

可燃气体或蒸气只有达到一定浓度，才会发生燃烧或爆炸。例如，常温下用明火接触煤油，煤油并不立即燃烧，这是因为在常温下煤油表面挥发的煤油蒸气量不多，没有达到燃烧所需的浓度，虽有足够的空气和火源接触，也不能发生燃烧。

2. 一定的氧气含量

可燃物发生燃烧需要有一个最低氧含量，低于这一浓度，燃烧就不会发生。如汽油燃烧的最低氧含量要求为14.4%，乙醚为12%。

3. 一定的点火能量

不管何种形式的引火源，都必须达到一定的强度才能引起燃烧反应。所需引火源的强度，取决于可燃物质的最小点火能量，低于这一能量，燃烧便不会发生。不同可燃物质燃烧所需的最小点火能量各不相同。例如，在化学计量浓度下，汽油的最小点火能量为 0.2 毫焦，乙醚为 0.19 毫焦。

4. 未受抑制的链式反应

对于无焰燃烧，上述三个条件同时存在，相互作用，燃烧即会发生。而对有焰燃烧，除上述三个条件外，燃烧过程中存在自由基，形成未受抑制的链式反应，使燃烧能够持续下去，亦是燃烧的充分条件之一。

第二节　燃烧类型

一、燃烧类型

（一）闪燃

在液体表面能产生足够的可燃蒸气，遇火能产生一闪即灭的燃烧现象，称为闪燃。

在一定温度条件下，液态可燃物表面会产生可燃蒸气，这些可燃蒸气与空气混合形成一定浓度的可燃性气体，当其浓度不足以维持持续燃烧时，遇火源能产生一闪即灭的火苗或火光，形成一种瞬间燃烧现象。

由于一些固态可燃物因蒸发、升华或分解能产生可燃气体或蒸气，所以少量固体也会产生闪燃现象。

（二）着火

可燃物质一经被点燃，能持续并不断扩大的燃烧现象，称为着火。着火是燃烧的开始，且以出现火焰为特征，这是日常生产、生活中最常见的燃烧现象。

（三）自燃

可燃物质在没有外部火花、火焰等火源的作用下，因受热或自身发热并蓄热所产生的自然燃烧，称为自燃。即物质在无外界引火源条件下，由于其本身内部所发生的生物、物理或化学变化而产生热量并积蓄，使温度不断上升，自然燃烧起来的现象。由于热的来源不同，物质自燃可分为受热自燃和本身自燃两类。

1. 引起受热自燃的主要原因

① 接触灼热物体。如可燃物质靠近烟囱、取暖设备、电热器具，或烘烤可燃物质时，若距离太近或温度过高就有着火的危险。

② 直接用火加热。主要是指熬炼和热处理过程中，由于温度失控，达到自燃点而着火。

③ 摩擦生热。如机器的轴承和摩擦部分缺乏润滑油或缠绕纤维物质，摩擦力增大，产生大量的热而引起可燃物质燃烧。

④ 化学反应。有些物质在化学反应中释放出大量热，使可燃物质受热升温而自燃。

⑤ 绝热压缩。物质在以很大的压力压缩时，会产生大量的热，若达到物质的自燃点则自行着火。柴油发动机的工作原理，就是由于绝热压缩空气的高温引起燃料的燃烧。

⑥ 热辐射作用。除明火和灼热体发出的辐射热能引起周围可燃物质着火外，太阳的辐射热也能引起易燃物质发生自燃。

2. 引起本身自燃的主要原因

① 氧化生热。如褐煤、浸油脂物质、黄磷、金属硫化物等。

② 分解生热。如硝化棉、赛璐珞、硝化甘油等。

③ 聚合生热。指低分子单体聚合成高分子聚合物的反应，释放出热量。

④ 吸附生热。因吸附空气中的氧而发生自燃。如活性炭、还原镍、还原铁。

⑤ 发酵生热。如稻草、籽棉、树叶、锯末、甘蔗渣、玉米芯等。

（四）爆炸

1. 爆炸的定义

由于物质急剧氧化或分解反应产生温度、压力增加或者两者同时增加的现象，称为爆炸。

2. 爆炸的分类

按爆炸的性质，通常分为物理爆炸、化学爆炸和核爆炸三类。

3. 爆炸浓度极限

可燃气体、蒸气或粉尘与空气混合后，遇火会产生爆炸的最高或最低浓度，称为爆炸浓度极限。

影响爆炸极限的因素主要有：初始温度、初始压力、惰性介质及杂质、混合物中氧含量、引火源等。

① 初始温度越高，爆炸极限范围越大。

② 初始压力升高，爆炸极限范围变大。

③ 混合物中加入惰性气体，爆炸极限范围缩小。

④ 混合物含氧量增加，爆炸下限降低，爆炸上限上升。

⑤ 充装混合物的容器管径越小，爆炸极限范围越小。

⑥ 引火源温度越高，热表面面积越大，与可燃混合物接触时间越长，则供给混合物的能量越大，爆炸极限范围也越大。

二、闪点、燃点、自燃点

（一）闪点

在规定的试验条件下，液体挥发的蒸气与空气形成的混合物，遇火源能够闪燃的液体最低温度（采用闭杯法测定），称为闪点。

闪点是衡量液体火灾危险性大小的重要参数。闪点越低，火灾危险性越大，反之则越小。由于物质组成和分子结构不同，液体的闪点变化呈现一定的规律。

① 同系物的闪点随其分子量的增加而升高，随其沸点升高而升高。

② 同系物中异构体（具有支链结构）比正构体（具有直链结构）的闪点低。

③ 两种完全互溶的液体形成的混合液，其闪点介于这两种纯液体闪点之间。当两种液体等比例混合时，其闪点低于这两种液体闪点的平均值。

（二）燃点

在规定的试验条件下，应用外部热源使物质表面起火并持续燃烧一定时间所需的最低温度，称为燃点。

一切可燃液体的燃点都高于闪点。燃点对于可燃固体和闪点较高的可燃液体，具有实际意义。控制可燃物质的温度在其燃点以下，就可以防止火灾的发生；用水冷却灭火，其原理就是将着火物质的温度降低到燃点以下。

（三）自燃点

在规定的条件下，可燃物质产生自燃的最低温度，称为自燃点。在这一温度时，物质与空气（氧）接触，不需要明火的作用，就能发生燃烧。自燃点是衡量可燃物质受热升温导致自燃危险的依据。可燃物的自燃点越低，发生自燃的危险性就越大。

1．影响液体、气体可燃物自燃点的主要因素

① 压力。压力越高，自燃点越低。

② 氧浓度。混合气中氧浓度越高，自燃点越低。

③ 催化。活性催化剂能降低自燃点，钝性催化剂能提高自燃点。

④ 容器的材质和内径。器壁的不同材质有不同的催化作用；容器直径越小，自燃点越高。

2. 影响固体可燃物自燃点的主要因素

① 受热熔融。熔融后可视为液体、气体的情况。

② 挥发物的数量。挥发出的可燃气体越多，自燃点越低。

③ 固体的颗粒度。固体颗粒越细，比表面积就越大，自燃点越低。

④ 受热时间。可燃固体长时间受热，其自燃点会有所降低。

第三节 燃烧产物

一、燃烧产物的概念

由燃烧或热解作用产生的全部物质，称为燃烧产物。它通常是指燃烧生成的气体、热量和可见烟等。

可燃物质的燃烧分完全燃烧和不完全燃烧两类。可燃物中碳（C）变成二氧化碳（CO_2）、氢（H）变成液体水（H_2O）、硫（S）变成二氧化硫（SO_2）、氮（N）变成氮气（N_2）是完全燃烧产物；而 CO、NH_3、醇类、酮类、醛类、醚类等是不完全燃烧产物。

燃烧产物的数量、组分等，随物质的化学组成以及温度、空气（氧）的供给情况等变化而有所不同。

二、不同物质的燃烧产物

（一）单质的燃烧产物

般单质（如碳、氢、磷、硫等）在空气中的燃烧产物为该单质元素的氧化物。

（二）化合物的燃烧产物

一些化合物在空气中燃烧除生成完全燃烧产物外，还会生成不完全燃烧产物。最典型的不完全燃烧产物是一氧化碳，它能进一步燃烧生成二氧化碳。特别是一些高分子化合物，受热后会产生热裂解，生成许多不同类型的有机化合物，并能进一步燃烧。

（三）合成高分子材料的燃烧产物

合成高分子材料在燃烧过程中伴有热裂解，会分解产生许多有毒或有刺激性的气体，如氯化氢（HCl）、光气（$COCl_2$）、氰化氢（HCN）及氧化氮（NO_x）等。

（四）木材的燃烧产物

木材是一种化合物，主要由碳、氢、氧元素组成，主要以纤维素（$C_6H_{10}O_5$）$_X$ 分子形式存在。木材在受热后发生热裂解反应，生成小分子产物。在 200 摄氏度左右开始，主要生成二氧化碳、水蒸气、甲酸、乙酸、一氧化碳等产物。

三、几种典型的燃烧产物及其毒性

燃烧产物有不少是毒害气体，往往会通过呼吸道侵入或刺激眼结膜、皮肤黏膜，使人中毒甚至死亡。据统计，在火灾中死亡的人约 80% 是由于吸入毒性气体而致死的。表 1-1 表明一氧化碳对人的影响；表 1-2 为一些主要有害气体的来源、生理作用及致死浓度。

表 1-1　一氧化碳对人的影响

影响情况	CO 浓度（体积比浓度 1 / 百万）	碳氧血红蛋白浓度（HbCO%）
在其中工作 8h 的允许浓度	50	—
暴露 1h 不产生明显影响的浓度	400 ～ 500	—
1h 暴露后有明显影响	600 ～ 700	—
1h 暴露后引起不适，但无危险症状的浓度	1 000 ～ 1 200	—
暴露 1h 后有危险	1 500 ～ 2 000	35
在 1h 内即会致死	4 000 及以上	50

表 1-2　一些主要有害气体的来源、生理作用及致死浓度

来源	主要的生理作用	短期（10min）估计致死浓度（体积比浓度 1 / 百万）
木材、纺织品、聚丙烯腈尼龙、聚氨酯等物质燃烧时分解出的氰化氢（HCN）	一种迅速致死、窒息性的毒物	350
纺织物燃烧时产生二氧化氮（NO_2）和其他氮的氧化物	肺的强刺激剂，能引起即刻死亡及滞后性伤害	>200
由木材、丝织品、尼龙以及三聚氰胺燃烧产生的氨气（NH_3）	强刺激性，对眼、鼻有强烈刺激作用	>1 000
PVC 电绝缘材料，其他含氯高分子材料及阻燃处理物热分解产生的氯化氢（HCl）	呼吸刺激剂，吸附于微粒上的 HCl 的潜在危险性较之等量的 HCl 气体要大	>500，气体或微粒存在时
氟化树脂类或薄膜类以及某些含溴阻燃材料热分解产生的含卤酸气体	呼吸刺激剂	HF≈400 COF_2≈100 HBr>500
含硫化合物及含硫物质燃烧分解产生的二氧化硫（SO_2）	强刺激剂，在远低于致死浓度下即使人难以忍受	>500
由聚烯烃和纤维素低温热解（400 摄氏度）产生的丙醛	潜在的呼吸刺激剂	30 ～ 100

四、烟雾

烟雾是物质在燃烧反应过程中热分解生成的含有大量热量的气态、液态和固态物质与空气的混合物。它是由极小的炭黑粒子完全燃烧或不完全燃烧的灰分及可燃物的其他燃烧分解产物所组成，其粒径常常介于 10^{-7} ～ 10^{-5} 微米。

烟雾的组成成分和数量取决于可燃物的化学组成和燃烧时的温度、氧的供给等燃烧条件。在完全燃烧的条件下，物质燃烧产生的烟雾成分以二氧化碳、一氧化碳、水蒸气等为主；在不完全燃烧条件下，不仅有上述燃烧生成物，还会有醇、醚等有机化合物。含碳量多的物质，在氧气不足的条件下燃烧时，有大量的碳粒子产生。

通常，烟雾在低温时，即阴燃阶段，以液滴粒子为主，烟气发白或呈青白色。当温度上升至起火阶段时，因发生脱水反应，产生大量游离的碳粒子，常呈黑色或灰黑色。

烟雾的流动扩散速度与烟雾的温度和流动方向有关。烟雾在水平方向的扩散流动速度，一般为 0.3 ～ 0.8 米 / 秒。烟气在垂直方向的扩散流动速度较大，通常为 1 ～ 5 米 / 秒。在楼梯间或管道井中，由于烟囱效应产生的拔力，烟气流动的速度可达 6 ～ 8 米 / 秒。

第四节　燃烧过程

一、气体物质的燃烧

可燃气体的燃烧不需要像固体、液体那样需要经过熔化、蒸发过程，所需热量仅用于氧化或分解，或将气体加热到燃点，因此容易燃烧且燃烧速度快。根据燃烧前可燃气体与氧混合状况不同，其燃烧方式分为扩散燃烧和预混燃烧两大类。

（一）扩散燃烧

可燃气体从喷口（管道口或容器泄漏口）喷出，在喷口处与空气中的氧边扩散混合、边燃烧的现象，称为扩散燃烧。其燃烧速度主要取决于可燃气体的扩散速度。例如，管道、容器泄漏口发生的燃烧，天然气井口发生的井喷燃烧等均属于扩散燃烧。

（二）预混燃烧

可燃气体与氧在燃烧之前混合，并形成一定浓度的可燃混合气体，被引火源点燃所引起的燃烧现象，称为预混燃烧。这类燃烧往往造成爆炸，也称爆炸式燃烧或动力燃烧。影响气体燃烧速度的因素主要包括气体的组成、可燃气体的浓度、可燃混合气体的初始温度、管路直径、管道材质等。

二、液态物质的燃烧

易燃可燃液体在燃烧过程中，并不是液体本身在燃烧，而是液体受热时蒸发出来的液体蒸气被分解、氧化达到燃点而燃烧，即蒸发燃烧。因此，液体能否发生燃烧、燃烧速率高低，与液体的蒸气压、闪点、沸点和蒸发速率等性质密切相关。液态烃类燃烧时，通常具有橘色火焰并散发浓密的黑色烟云。醇类燃烧时，通常具有透明的蓝色火焰，几乎不产生烟雾。某些醚类燃烧时，液体表面伴有明显的沸腾状，这类物质的火灾较难扑灭。在不同类型油类敞口储罐的火灾中应特别注意沸溢、喷溅、冒泡三种特殊现象。

液体在燃烧过程中，由于向液层内不断传热，会使含有水分、黏度大、沸点在 100 摄氏度以上的重油、原油产生沸溢或喷溅现象，造成大面积火灾。这种现象称为突沸，往往会造成很大的危害，这类油品称为沸溢性油品。

三、固体物质的燃烧

固体可燃物由于其分子结构的不同、物理性质的不同，其燃烧方式也不相同。主要有下列四种。

（一）蒸发燃烧

熔点较低的可燃固体，受热后熔融，然后与可燃液体一样蒸发成蒸气而发生的有焰燃烧现象，称为蒸发燃烧。如石蜡、松香、硫、钾、磷、沥青和热塑性高分子材料等燃烧。

（二）分解燃烧

分子结构复杂的固体可燃物，在受热后分解出其组成成分及与加热温度相应的热分解产物，这些分解产物再氧化燃烧称为分解燃烧。如天然高分子材料中的木材、纸张、棉、麻、毛、丝，以及合成高分子的热固性塑料、合成橡胶等燃烧。

（三）表面燃烧

蒸气压非常小或者难以热分解的可燃固体，不能发生蒸发燃烧或分解燃烧，当氧气包围物质的表层时，物质呈炽热状态发生无焰燃烧的现象，称为表面燃烧。其过程属于非均相燃烧，现象为表面发红而无火焰。如木炭、焦炭以及铁、铜、钨等燃烧。

（四）阴燃

阴燃是指物质无可见光的缓慢燃烧，通常产生烟和温度升高的迹象。一些固体可燃物在空气不流通、加热温度较低或含水分较高时就会发生阴燃。如成捆堆放的棉、麻、纸张以及大堆垛的煤、草、湿木材等。这种燃烧看不见火苗，可持续数天甚至数十天，不易发现。

有焰燃烧和阴燃在一定条件下能相互转化。如在密闭或通风不良的场所发生火灾，由于燃烧消耗了氧，氧浓度降低，燃烧速度减慢，分解出的气体量减少，即可由有焰燃烧转为阴燃；随着阴燃的进行，热量聚集、温度升高，此时空气的导入则可能会转变为明火燃烧。

四、可燃粉尘的爆炸

粉尘爆炸是由于悬浮在空气中的可燃粉尘燃烧而形成的高气压所造成的。粉尘是固体物质的微小颗粒，它的表面积与相同重量的块状物质比较要大得多，故容易着火。如果它悬浮在空气中，并达到一定的浓度，便形成爆炸性混合物。一旦遇到火星，就可能引起迅速燃烧——爆炸。爆炸时，气压和气压上升率越高，其爆炸率也就越大。而粉尘的燃烧率又是与粉尘粒子的大小、易燃性和燃烧时所释放出的热量以及粉尘在空气中的浓度等因素有关。

粉尘爆炸必须具备下列条件，缺一不可：

① 粉尘本身必须是可燃性的。

② 粉尘必须具有相当大的比表面积。

③ 粉尘必须悬浮在空气中，并与空气混合形成爆炸极限范围内的混合物。

④ 有足够的点火能量。

最常见的粉尘爆炸有煤粉、面粉、木粉、糖粉、玉米粉、土豆粉、干奶粉、铝粉、锌粉、镁粉、硫磺粉等。只要我们加强防范措施，这类爆炸还是完全可以避免的，例如采用有效的通风和除尘措施，严禁吸烟及明火作业。在设备外壳设泄压活门或其他装置，采用爆炸遏制系统等。对有粉尘爆炸危险的厂房，必须严格按照防爆技术等级进行设计，并单独设置通风、排尘系统。要经常湿式打扫车间地面和设备，防止粉尘飞扬和聚集。保证系统要有很好的密闭性，必要时对密闭容器或管道中的可燃性粉尘充入氮气、二氧化碳等气体，以减少氧气的含量，抑制粉尘的爆炸。

第二章

火灾基础知识

Huozai Jichu Zhishi

第一节 火灾的概念与分类

一、火灾的定义

《消防基本术语 第一部分》（GB 5907—86）中将火和火灾定义为：火是以释放热量并伴有烟或火焰或两者兼有为特征的燃烧现象。火灾是在时间或空间上失去控制的燃烧所造成的灾害。

二、火灾的分类

《火灾分类》（GB/T 4968—2008，2008 年 11 月 4 日发布，2009 年 4 月 1 日实施）根据可燃物的类型和燃烧特性，将火灾分为 A、B、C、D、E、F 六类。

A 类火灾：指固体物质火灾。这种物质通常具有有机物质性质，一般在燃烧时能产生灼热的余烬。如木材、煤、棉、毛、麻、纸张等火灾。

B 类火灾：指液体或可熔化的固体物质火灾。如煤油、柴油、原油，甲醇、乙醇、沥青、石蜡等火灾。

C 类火灾：指气体火灾。如煤气、天然气、甲烷、乙烷、丙烷、氢气等火灾。

D 类火灾：指金属火灾。如钾、钠、镁、铝镁合金等火灾。

E 类火灾：带电火灾。物体带电燃烧的火灾。

F 类火灾：烹饪器具内的烹饪物（如动植物油脂）火灾。

三、火灾等级划分

根据 2007 年 6 月 26 日公安部下发的《关于调整火灾等级标准的通知》，新的火灾等级标准由原来的特大火灾、重大火灾、一般火灾三个等级调整为特别重大火灾、重大火灾、较大火灾和一般火灾四个等级。

① 特别重大火灾，指造成 30 人以上死亡，或者 100 人以上重伤，或者 1 亿元以上直接财产损失的火灾。

② 重大火灾，指造成 10 人以上 30 人以下死亡，或者 50 人以上 100 人以下重伤，或者 5 000 万元以上 1 亿元以下直接财产损失的火灾。

③较大火灾，指造成 3 人以上 10 人以下死亡，或者 10 人以上 50 人以下重伤，或者 1 000 万元以上 5 000 万元以下直接财产损失的火灾。

④一般火灾，指造成 3 人以下死亡，或者 10 人以下重伤，或者 1 000 万元以下直接财产损失的火灾。

表 2-1　火灾等级划分

	死亡	重伤	直接财产损失
特别重大火灾	30 人以上	100 人以上	1 亿元以上
重大火灾	10 人以上 30 人以下	50 人以上 100 人以下	5 000 万元以上 1 亿元以下
较大火灾	3 人以上 10 人以下	10 人以上 50 人以下	1 000 万元以上 5 000 万元以下
一般火灾	3 人以下	10 人以下	1 000 万元以下

注：“以上”包括本数，“以下”不包括本数。

四、各种常见场所火灾特点

（一）高层建筑火灾特点

① 蔓延途径多，易形成立体火灾。竖向管井与通道、共享空间、玻璃幕墙缝隙等部位，易产生“烟囱”效应，烟火流动速度快；外部风力作用会加剧火势蔓延；高强度热辐射会引起邻近建筑物燃烧。

② 人员疏散困难，灭火救援难度大。火灾中，浓烟、毒气及其他燃烧产物易造成人员呼吸困难，甚至窒息、中毒死亡；内部温度高、烟气浓、能见度低，灭火救援人员难以深入内部，实施有效的人员救助及灭火战斗行动；楼层高，消防移动作战装备器材难以发挥作用；被困人员易惊慌失措，可供疏散逃生的通道少，容易造成大量人员伤亡。

③ 玻璃幕墙破碎，极易造成地面人员伤亡和破坏地面消防车辆及供水器材，影响灭火进程。

（二）钢结构建筑火灾特点

① 钢构件耐火等级低，易变形。当钢构件自身温度达到 350 摄氏度、500 摄氏度、600 摄氏度时，其强度分别下降 1/3、1/2 和 2/3。据理论计算，在全负荷情况下，使钢构件失去平衡稳定性的临界温度为 500 摄氏度左右。此外，钢构件受热膨胀，火场射水遇冷会急剧收缩，易破坏建筑的稳定性。

② 火势猛烈，在高温作用下钢构件易发生坍塌事故。钢结构建筑空间大，室内空气充足，发生火灾时燃烧猛烈。火灾中室内高温对承重构件有极大的影响，当达到一定程度时即可发生坍塌事故，给实施内部灭火行动造成极大困难。

③ 屋面结构复杂，破拆难度大。现代大型钢结构建筑构件横截面积大，屋面呈弧形，屋面板内充装的保温材料多数具有可燃性，火灾中人员难以在屋面上停留，现有破拆器材难以在短时间内破开屋面，进行排烟或控制火势蔓延。特别是钢结构倒塌以后，像一只大锅反扣在地面上，钢构件相互连接在一起，很难破拆开口向内射水灭火。

（三）砖木结构建筑火灾特点

① 燃烧猛烈，蔓延迅速。砖木结构建筑的门、窗、内隔墙、楼梯、楼板、天棚、房盖都是用木质等可燃材料建造的，火灾中火势会在房间内沿可燃构件和物品蔓延，一旦火势烧穿门、窗、天棚（吊顶）或房盖，火势会迅速发展。

② 易形成立体火灾。砖木结构建筑的楼房起火后，火势除迅速向水平方向蔓延外，会直接沿墙体或烧穿楼板进行垂直蔓延，形成立体燃烧。

③ 建筑易垮塌。火灾中木制的梁、柱、楼板、吊顶、屋盖等建筑物承重构件，在火焰的作用下，在一定时间内就会因失去承重力造成局部建筑结构的垮塌。屋盖、吊顶、楼板的垮塌现象尤为常见。

④ 易造成人员伤亡。多层砖木结构的住宅， 居住人员多，疏散通道少，楼梯陡，走廊窄，如果起火点在一、二层或靠近疏散楼道，大火会迅速封堵疏散通道，使人员无法逃生。

（四）大型商场火灾特点

① 火势猛烈、蔓延迅速。烟火沿柜台、货架、立体堆垛的货物和吊顶向水平方向蔓延迅速，特别是向楼梯间和低燃点商品方向发展的速度十分明显；多数新建大型商场设有大面积立体共享空间，火灾中“烟囱”效应强，同时，火势还可沿楼梯间、内装修或堆积的可燃商品，以及沿外墙窗口向上蔓延，在很短的时间内便可形成立体燃烧；相互毗邻的大型商场发生火灾时，在大风的作用下容易向毗邻的建筑蔓延，使火灾出现跳跃性发展。

② 烟雾浓、毒性大，易造成人员伤亡。大量的棉、毛、化纤织物、塑料商品和部分药品燃烧时，会产生大量烟雾或析出有毒气体，危害现场人员安全；人员密集，通道不畅，发生火灾时极易出现拥挤、堵塞现象，导致大量人员伤亡；另外，玻璃幕墙碎裂下落，易伤害地面人员和损坏火场供水器材，导致火场供水中断。

③ 扑救火灾难度大。内部布局复杂，人员缺乏方向感，疏散困难；火势猛，温度高，燃烧面积大，分割战术很难实施；当救人、疏散、灭火同步进行时，所需兵力多指挥难度大； 用水数量多易给商品造成水渍损失。

（五）地下商场火灾特点

① 起火点隐蔽。发生火灾时，烟雾很快充满地下空间，深入地下的侦察人员视线

不清， 加之通道曲折、狭窄、柜台多，起火点难以发现。

② 烟雾浓，久聚不散。可燃物质多，空气流通不畅，造成物质燃烧不充分，发烟量大、烟雾浓；通风口少，烟雾流通受限，使浓烟扩散极其缓慢。

③ 高温增压，易造成火势蔓延。火灾中地下商场内的压力随着温度升高而增大，高温烟气在压力作用下，在内部向四周迅速扩散，从而加热蔓延途径内的可燃物使其达到着火点，造成火势蔓延。

④ 疏散困难，易造成人员伤亡。发生火灾时，大量被困人员心理惊慌、互相拥挤，大多数人员集中在出入口处，使疏散通道堵塞； 建筑内产生的大量浓烟、毒气等燃烧产物，易造成被困人员因窒息、中毒而伤亡。

⑤ 灭火救援难度大。浓烟、毒气弥漫，使实施灭火行动人员呼吸和视线受到限制，深入地下内攻艰难；通道曲折狭窄，水枪射流受角度影响不能充分发挥作用，灭火救援战斗时间长；火场通信联络困难，指挥员不能及时掌握情况，不能及时下达行动命令。

（六）影剧院火灾特点

① 燃烧猛烈，蔓延迅速。影剧院内部空间大，有大量的可燃物，一旦发生火灾，如果在 5 ～ 10 分钟内不能控制火势，就可能使火势发展到猛烈燃烧阶段。

② 建筑物易坍塌。影剧院属于大跨度建筑，多数采用钢质结构。火灾中带有闷顶的钢质屋架，在高温的作用下 20 ～ 30 分钟即可失去承重能力，造成钢屋架的整体坍塌。木质结构的影剧院发生火灾时，火势一旦烧窜屋面，在同样的时间内也会造成木屋架的坍塌。

③ 一处着火，多处流窜。建筑时间较早的影剧院，其内部舞台、观众厅、放映厅（前厅）通常都是相互连通的。发生火灾后，火势凭借良好的通风条件，就会造成一处着火，多处燃烧的情况。

④ 易造成人员伤亡。影剧院营业时，通常聚集着大量人员，发生火灾时，人员惊慌失措，争相逃难，往往造成出入口的堵塞，使多数遇险人员一时难以迅速脱离火场，在浓烟、毒气、高温的情况下易造成大量人员伤亡。

（七）医院火灾特点

① 人员疏散任务重，难度大。住院部患者多，行动困难；楼层走廊内经常放置临时床位，致使通道不畅， 疏散困难；病人遇火灾易加重病情，个别危重病人易突发病症，造成突然死亡，加大人员救助的难度。

② 药房起火烟雾浓，毒性大。药房、药库及制药车间发生火灾，易产生大量的烟雾，同时，伴有许多有害气体及蒸气的产生，危害现场人员。

③ 烟雾四处流窜，易造成火势蔓延。连通式建筑的医院发生火灾后，大量的烟雾

会沿走廊、通道四处流窜，危害其他房间及楼层人员安全。并且易造成火势蔓延。

④ 灭火行动困难。格局复杂， 通道狭窄， 战斗展开艰难；室外交通拥挤，消防车辆行动困难，举高消防车不易发挥作用；精密仪器多，其房间燃烧不宜用水扑救，灭火方法要求高；个别室内存有放射性和有毒物质，一旦发生泄漏，消防员易受到伤害。

（八）地下车库火灾特点

① 爆炸危险性大。车辆燃油（气）漏出，挥发的蒸气与空气混合，形成爆炸性混合气体，遇着火源极易引起爆炸， 另外，油箱在火焰的烧烤下，也会发生膨胀爆裂，使油料喷溅，扩大火势。

② 易形成连锁反应。在车辆停放比较密集的库中，一台车辆起火形成的猛烈燃烧火势，会迅速向周围车辆蔓延，引起连锁反应逐车燃烧。复建式地下车库着火后，还可能引起地上建筑的火灾。

③ 车辆疏散困难。车辆停放密集，车辆移动困难；驾驶员锁闭车门远离车场，一时难以寻找；浓烟弥漫影响视线，不利车辆脱离火场；起火车辆堵塞通道，妨碍其他车辆疏散。

④ 易引起地面建筑燃烧。在地面建筑底层建设的附设式地下车库，发生火灾时，猛烈的燃烧一旦失控就可能通过各种竖向通道，引发地面建筑的燃烧，造成更大的火灾损失。

（九）隧道火灾特点

① 火势蔓延快，控制困难。在隧道内因汽车相撞、火车颠覆等事故引起火灾后、除本身携带一定数量的燃油外，有时还运载相当数量的易燃易爆物品、危险化学品，火势一经形成蔓延速度极快，同时，伴有爆炸爆燃现象的发生，凶猛的燃烧很难得以控制。

② 通道易堵塞，救援行动困难。发生火灾时，隧道内大量车辆受损，不能启动行走，故造成交通堵塞，同时，隧道纵深距离长、路面窄，加上事故车辆多，不能有效利用救援设备实施救援行动。此外，如果事故造成隧道及辅助设施损坏，将会导致交通长时间中断。

③ 浓烟高温、扑救困难。隧道内发生火灾后，因燃烧物质种类多数量大，短时间在有限的空间内，会产生很高的温度和浓度较大的烟雾，虽有通风设备，也难以在短时间内降温和排出烟雾。使灭火人员无法接近火点，以致延长灭火时间。加之出入口少，环境恶劣，受建筑形式的限制，通信联络得不到保障。

④ 供电中断、疏散困难。火灾中隧道内供电停止，使隧道内能见度降低， 人员分辨不清方向，易引起被困人员惊慌失措，造成人员伤亡。

⑤ 有毒气体积聚，威胁人员生命安全。火灾中由燃烧物生成的各种有毒气体，受环境的影响易积聚，不易排出，严重威胁被困人员和消防战斗人员的生命安全。

（十）洁净厂房火灾特点

① 烟气热量积聚，火势蔓延途径多。洁净厂房一般呈密闭状态，门窗少，烟气热量不易向外扩散，易造成烟气滞留，使厂房内热量剧增。燃烧火势和高温浓烟会通过通风管道、电气线路套管或孔洞、闷顶、活动地板下的空隙向其他房间蔓延。

② 人员逃生困难。厂房内部分隔复杂，通道曲折窄小，安全出口少，纵深距离长，充烟后易造成人员惊慌，迷失疏散方向。在厂房内的流水工作线上，工作人员少，初期火灾不易及时发现，故易使火势蔓延，造成人员脱身困难。

③ 烟雾毒性大。洁净厂房的装饰材料、电气套管、电线绝缘层很多是高分子材料，燃烧时会产生大量有毒气体。

④ 损失大。洁净厂房内的生产设备和精密仪器价格昂贵，产品也属高精产品，一旦发生火灾经济损失大。

（十一）石油化工火灾特点

① 燃烧速度快。液化石油气燃烧时，在具有充足空气的条件下，燃烧速度快，燃烧异常猛烈。

② 火焰温度高。液化石油气的燃烧温度可达 1 800 摄氏度。爆炸时的火焰温度可达 2 000 摄氏度以上。

③ 易发生爆炸。液化石油气当与空气混合达到一定浓度范围（1.5%～9.5%）时，遇明火极易发生爆炸。

④ 复爆危险性大。火灾中，液化石油气的稳定燃烧被扑灭后，如短时间无法切断气源或有效控制泄漏气体时，火场内就可能形成爆炸性混合气体，如遇明火极易发生第二次爆炸或燃烧。

（十二）炼油厂火灾特点

① 爆炸引起火灾。可燃气体、可燃易燃液体蒸气和炼油装置、设备发生爆炸后，使易燃易爆液体或气体外溢形成火灾。

② 火灾引起爆炸。在火场上受热辐射、热传导作用和导流抽液时，产生的回火现象，极易引起其他设备的爆炸。

③ 爆炸与燃烧交替进行。在发生爆炸或燃烧的情况下，如果不能及时控制事态，会引起连锁反应，造成爆炸与燃烧的交替发生。

④ 燃烧速度快。炼油厂的原料和产品大多是易燃易爆物质，燃烧速度快，容易形成大面积火灾。

⑤ 立体燃烧。装置区内的架空管道或装置起火，容易出现易燃可燃液体由上向下流淌的现象，形成立体火灾。

⑥ 复燃复爆。灭火后，如果油品、可燃气体继续外溢和泄漏，若冷却和控制不利，就会发生复燃或复爆现象。

⑦ 火灾扑救困难，易造成人员伤亡。炼油厂发生火灾时，出现的高温、爆炸、毒气等情况，使消防人员很难接近着火区域，特别是产生的复燃、复爆现象，会直接威胁消防人员的生命安全。

（十三）油罐火灾特点

① 爆炸引起燃烧。油罐发生爆炸后，随即易形成稳定燃烧。爆炸后，从罐顶或裂口处流出的油品或因罐体移位流出的油品，易造成地面流淌性燃烧。

② 燃烧引起爆炸。在形成稳定燃烧的油罐的邻近油罐，易在热辐射的作用下发生爆炸，扩大火势。

③ 火焰高，辐射热强。爆炸后在油罐破裂位置形成的稳定燃烧，其火焰高达几十米，并对其四周产生强烈的热辐射。

④ 易形成沸溢与喷溅。由于重质油品具有“热波特性”，对含有一定水分或有水垫层的重质油品储罐发生火灾后，如果不能及时进行冷却控制，在其“热波特性”的作用下就会使油品内的乳化水或油层下的水垫层产生过热蒸气，而导致发生油品的沸溢或喷溅现象。

⑤ 易造成大面积燃烧。重质油品储罐发生的沸溢、喷溅现象，在其压力的作用下会将大量的油品喷洒在事故区域内，瞬间即可造成大面积燃烧，同时，对在火场内的消防人员、车辆及其他装置、设备造成极大的威胁。

（十四）危险化学品仓库火灾特点

① 燃烧猛烈，蔓延迅速，易发生爆炸。易燃液体、气体或固体，发生火灾时，火势异常猛烈，短时间内就可能形成大面积火灾；罐（桶）装的易燃、可燃液体在受热的条件下，有发生爆炸的可能；易燃液体的蒸气、可燃气体、可燃粉尘等，在一定条件下都可发生爆炸。

② 火情复杂多变，灭火剂选择难度大。危险化学品种类繁多，各具特性，在灭火和疏散物资时，如果不慎使性质相异的物品混杂、接触或错误使用忌用的灭火剂，都将造成火情突变。

③ 产生有毒气体，易发生化学性灼伤，扑救难度大。着火后，不少危险化学品在燃烧和受热条件下，可发生分解，蒸发出有毒、有腐蚀性的气体。具有强氧化性的罐（桶）装酸、碱，容器破裂后，遇某些有机物能发生燃烧或爆炸，遇某些无机物能发生剧烈

的反应，产生有腐蚀性的气体或毒气等。

（十五）露天堆垛仓库火灾特点

① 火势发展猛烈。露天堆垛存放的物资大都是可燃物，起火后火势发展迅速，燃烧猛烈。

② 飞火飘落，燃烧面积大。棉、麻、草、苇、木材等物质密度低、质地疏松，在大风或火场热气流的作用下，燃烧碎片或燃烧纤维团被抛向空中，飘落到其他堆垛或可燃物上，会造成大面积火灾。

③ 棉、麻、草、苇纤维内含有一定的空气，具有阴燃特点，火灾中，火势会从堆垛的外层通过缝隙燃烧到内部形成阴燃状态，不易将火灾彻底扑灭。

④ 扑救时间长。为消灭堆垛内部的阴燃火势，需逐垛检查，边翻垛、边浇水、边疏散，要经过较长时间才能彻底消灭火灾。

⑤ 用水量大。燃烧物质集中，火场面积大，灭火持续时间长，灭火用水量增多。

（十六）粮食仓库火灾特点

① 易形成大面积火灾。粮食仓库建筑的房盖一般都是由可燃材料建造的，贮存粮食的用具多数也是可燃的。发生火灾后，耐火等级较低的粮库建筑，在风力作用下极易发生猛烈燃烧，并易产生飞火，引起库区内其他建筑和粮囤的燃烧，形成大面积火灾。

② 炭化阴燃，纵向蔓延。堆垛表面燃烧扑灭后，残留在炭化粮食内部的燃烧易形成阴燃火势，阴燃火势会沿麻袋缝隙、粮食颗粒间隙继续向内部蔓延。

③ 烟雾大、损失严重。阴燃的粮食易产生大量烟雾，烟灰和被污染的水被粮食吸附后，易造成粮食的大量损失。

④ 易发生粉尘爆炸。仓内空间悬浮的粉尘，当达到一定的浓度，遇火源易发生爆炸。机械化立筒仓各系统都有粉尘爆炸的危险，灭火射水时，如不慎用水流将沉积粉尘冲击悬起，也能引起爆炸。

（十七）汽车火灾特点

① 火势发展迅猛。汽车发生火灾时，因车上的火灾荷载密度大（车内的燃油、装饰材料、木质车厢板、轮胎、座椅及货物等），燃烧后产生高温，极易导致车上的油箱、气瓶（以燃气为燃料的汽车）燃烧或爆炸。装运油料及危险化学品的汽车发生火灾，极易形成大面积火灾，个别危险化学物品还会发生爆炸，生成有毒物质；周围停放的汽车在极短时间内会发生连锁反应，使火势迅速扩大。

② 车辆疏散困难。停放的车辆通常都采取了安全措施（拉紧手制动，关掉电源，紧闭门锁等），使汽车失去了行动能力。地下车库和楼层车库的车辆在没有动力的情况下，无法上下坡道，疏散工作难以实施。

③ 扑救困难。行驶中的汽车发生火灾的地点不确定，极易出现报警晚、水源缺乏等不利因素。

④ 易造成人员伤亡。汽车发生火灾时，车内人员易惊慌失措，争相逃生，在车门阻塞情况下，人员疏散十分困难，有时车门被碰撞挤压变形不能开启，乘客无法逃出，以致造成大量人员伤亡。

（十八）列车火灾特点

① 易造成人员伤亡。客车车厢内有大量的旅客，发生火灾后，烟雾会在车厢内迅速流窜。尤其是列车在行驶途中无法及时停车，火势借列车运行的气流迅速蔓延，加之车厢内通道狭窄，车门少，旅客难以疏散，极易造成人员伤亡。

② 易形成大面积燃烧、爆炸。如列车颠覆等会造成多节车厢起火；油罐列车发生事故易引起爆炸及大面积燃烧；化工原料列车发生事故易给人们的生命安全和自然环境造成极大的危害。

③ 地面障碍物多，影响灭火战斗行动。铁道线路两侧环境复杂，地势高低不平，消防车无法驶近列车。列车若在野外发生火灾， 受地形、地物、隧道等阻碍，灭火十分困难， 同时，野外缺乏消防水源，火场供水困难。

（十九）地铁火灾特点

① 突发性强，不易预防。地铁线长面广，客流量大，灾害事故发生的时间和地点具有不确定性，突发性强，而且发生爆炸、毒气等恐怖袭击事件初期极具隐蔽性，不易发觉。

② 火势蔓延快，洞室温度高。地铁通道内空气对流强，发生火灾时火势蔓延速度快。如对通风系统不能及时控制，会加速火势的发展。此外，大量高温烟气在通道内积聚，难以扩散，使洞室温度增高。

③ 疏散困难，易造成人员伤亡。地铁人员密集，出入口少，疏散距离长，通风、照明条件差。一旦发生火灾，大量惊慌失措的人群很难在设计的时间内顺利疏散到安全地点，如果着火列车停于隧道区间将会造成大量人员伤亡。

④ 情况复杂，灭火行动困难。地铁内发生火灾后，浓烟高温，能见度差，火情侦察艰难，通信联络不畅，在灭火行动中指挥人员一时很难确定起火点和遇险人员集中点，加之作战纵深大，灭火与救援十分困难。

（二十）飞机火灾特点

① 燃烧猛烈，易发生爆炸。位于机翼内的飞机燃油箱载有大量的燃油，失火后会形成熊熊大火，随后发生油箱、氧气钢瓶等物品的爆炸。

② 疏散困难，伤亡严重。 机舱内人员密度大、通道狭窄、舱门少，起火后变形不

易开启，使人员疏散十分困难。舱室装饰材料燃烧后，会产生大量有毒气体，易使遇险人员中毒或窒息，造成人员伤亡。

③ 火灾地点不确定、扑救难度大。一般飞机事故多数是在飞行（起飞、降落为多）过程中，火灾发生突然，通往事故现场的交通不便，给火灾扑救带来极大的困难。

④ 飞机着火成灾速度快， 短时间内可能造成机毁人亡事故。

（二十一）船舶火灾特点

① 机舱火灾的特点。火势蔓延速度快，烟雾大、能见度低，实施内部灭火十分困难。

② 货舱火灾的特点。着火舱内空气流通缓慢，有焰燃烧很快转入阴燃状态。在浓烟条件下火源不易发现，且舱室内温度迅速升高，通过其他热传导方式易引起邻近舱室物资的燃烧或爆炸。

③ 客舱火灾的特点：燃烧猛烈，蔓延迅速，疏散通道狭窄、数量少，遇险人员众多，由内向外疏散十分困难。

④ 货、油舱火灾的特点。燃烧与爆炸相继出现，沸溢喷溅相伴发生，火焰时起时伏，火势蔓延速度快。

（二十二）强风情况下火灾特点

① 火势跳跃式发展、易形成大面积火灾。强风情况下，易产生大团飞火，会出现跳跃式蔓延现象，而且蔓延速度快。

② 火势多变、灭火困难。 在火场上由于高温和燃烧产物的作用，可形成局部气体对流区，使局部火势异常猛烈。此外，当自然风力瞬间加大时，促使火情突变，给灭火造成极大的影响。

③ 当强风遇到障碍时，会产生“涡流”，使周围的可燃物瞬间着火。

④ 在火场上，强劲的火势可以越过低矮的建筑物，点燃较高建筑物。

⑤ 建（构）筑物易在风力和火灾的作用下倒塌。

⑥ 强风给消防人员登高、射水造成一定的困难，极大地影响灭火行动。

（二十三）有毒区域火灾特点

① 易发生中毒事故。在有毒区域内抢险救灾时，如果缺乏防毒措施，有毒物质将会通过人的呼吸器官、皮肤和消化器官侵入人体。

② 火灾易于扩大。部分有毒物质是易燃易爆物品，通常情况下，这些有毒气体比空气重，能沿地面扩散到很大范围，遇明火发生燃烧，若达到爆炸浓度则易发生爆炸。

③ 火灾扑救困难。部分有毒物质在燃烧时，不能用水扑救，相应地增加了灭火难度。灭火人员在灭火过程中因穿戴防毒衣、佩戴空气呼吸器等防护装具，使灭火行动受到一定影响。

（二十四）带电设备、线路火灾特点

① 容易触电。灭火人员身体的某一部分或所使用的灭火器具，直接与带电部位接触或与带电体过于接近，极易发生触电事故。水（泡沫）枪（炮）喷射的直流水柱、泡沫射流通常能输导电流，击伤灭火人员。电线断落对地短路形成的跨步电压，极易威胁火灾扑救人员。

② 燃烧猛烈，蔓延迅速。带电的电气设备，如油浸式变压器、多油式油断路器等，在高温下，一旦发生爆炸，引起绝缘油外溢或飞溅，会造成油类或建（构）筑物火灾。绝缘层以及电缆防护层都是用橡胶、塑料、黄麻之类的可燃物制成的，发生火灾后，易形成“火龙”，火势会沿着电气线路迅速蔓延。

第二节 火灾成因分析

防止火灾发生，就必须找出火灾潜在的因素，寻求科学的对策加以控制和防范。火灾大多是一种社会现象，如果对发生各种火灾的客观环境进行综合分析，可大致归纳出火灾构成的三要素，即人的不安全行为、物质的不安全状态和技术缺陷。而在人、物、技术三者之中，人是主要因素。

一、火灾成因与人的因素

在火灾成因中，人是主要因素。人的行为是受心理意识支配的。因此火灾的发生与人的心理和行为有着密切的关系。一般地说，人们有什么样的心理与行为，就会出现什么样的消防工作态度。如果人的思想上重视消防安全，懂得消防知识，明确消防的重要性、发生火灾的危害性、扑救火灾的必要性，有安全意识，并主动自觉地做好消防安全工作，就能控制火灾发生。如果人们思想上不重视消防安全，不懂得消防安全知识，做出不安全的行为，就会导致火灾的发生。消防安全方面，人的麻痹思想是一切火灾发生的主要思想根源。因此，消防安全管理首先是对人的管理。在一切火灾中，除了少数火灾是由个别人有意识、有目的地纵火破坏外，多数火灾是由于消极被动因素对人的影响，使人产生消极情绪，导致不安全行为，以致造成发生火灾的后果。消极被动因素主要表现在：

（一）受生产管理水平的影响

一个单位的管理水平、技术水平、劳动环境、劳动组织等方面对人会产生较大的影响。良好的管理水平、技术水平、劳动环境、劳动组织往往对人的工作责任感能起到加强的作用，对于严格执行安全工作规程和各项规章制度，提高工作效益具有积极推动作用。否则就会产生种种事故，包括火灾事故。

（二）受非生产因素影响

由于各种复杂的社会、经济、心理因素的影响，人们容易产生紧张情绪，因此使人们在生活、工作时分散精力和注意力，忽视安全，违反操作规程而造成事故。

（三）受消防教育程度的影响

一个人所受的教育程度如何，对安全心理也有一定的影响。受消防安全教育程度深的人，对消防的认识比较清楚，行为就会规范化，思想和行为往往能与消防安全工作的要求相适应。反之，由于缺乏消防教育，行为就不一定符合规范，甚至盲目行事，不合乎客观要求，因此容易导致火灾事故的发生。

二、火灾成因与物质因素

许多物质都有一个共同的特性，就是能够燃烧。因此，火灾成因与物质所具有的燃烧特性是分不开的。燃烧现象的发生需要一定的条件，不具备这些条件，燃烧就不会发生。消防安全管理研究物质燃烧的目的，就是为了针对不同物质的燃烧特性，通过一系列管理活动和方法，将不安全状态的物质转变为安全状态，或改变物质燃烧条件来控制燃烧，防止发生火灾事故。

三、火灾成因与技术因素

消防安全技术直接同人们的生产和生活联系，它的根本职能在于对火灾因素的控制。在消防安全工作中，技术能够控制火灾发生，但是出现技术缺陷，也会导致发生火灾事故。技术缺陷包括四方面：一是设计上的缺陷；二是施工、制造上的缺陷；三是维修、保养上的缺陷；四是操作使用技术上的缺陷。

第三节　火灾扑救

一、火灾报警的方法、内容和要求

任何人发现火灾都应当立即报警。任何单位、个人都应当无偿为报警提供便利，不得阻拦报警。严禁谎报火警。

（一）报火警的方法

1. 向单位和周围的人群报警

① 使用手动报警设备报警。如使用电话、警铃、汽笛等。

② 派人到本单位（地区）的专职消防队报警。

③ 使用有线广播报警。

④ 农村可以使用敲锣等方法报警。

⑤ 大声呼喊报警。

2. 向公安消防队报警

拨打“119”火警电话向公安消防队报警。

（二）报火警的内容

在拨打火警电话向公安消防队报火警时，必须讲清以下内容：

1. 发生火灾单位或个人的详细地址

主要包括：街道名称、门牌号码、靠近何处、附近有无明显的标志；农村发生火灾要讲明县、乡（镇）、村庄名称；大型企业要讲明分厂、车间或部门；高层建筑要讲明第几层等。总之，地址要讲得明确、具体。

2. 火灾概况

主要包括：起火时间；燃烧物的性质、火灾的类型，如液化石油气、汽油、化学试剂等；火势的大小，如只见冒烟、有火光、火势猛烈、有多少间房屋着火等；是否有人员被困、有无爆炸和毒气泄漏等。

3. 报警人的基本情况

主要包括：姓名及所用电话的号码，以便消防部门电话联系，了解火场情况。报警之后，还应派人到路口接应消防车。

二、火灾扑救的基本原则

在火灾发展变化中，初起阶段是火灾扑救最有利的阶段，将火灾控制和消灭在初起阶段，就能赢得灭火的主动权，就能显著减少事故损失，反之就会被动，就会造成难以收拾的局面。

企事业单位灭火、救灾指挥人员，在指挥灭火救灾中要遵循“救人第一”、“先控制后消灭”、“先重点后一般”等原则。

（一）救人第一的原则

救人第一原则，是指火场上如果有人受到火势威胁，企事业单位消防队员的首要任务就是把被火围困的人员抢救出来。运用这一原则，要根据火势情况和人员受火势威胁的程度而定。在灭火力量较强时，人未救出之前，灭火是为了打开救人通道或减弱火势对人员威胁程度，从而更好地为救人脱险、及时扑灭火灾创造条件。在具体实施救人时应遵循“就近优先，危险优先，弱者优先”的基本要求。

（二）先控制、后消灭的原则

先控制、后消灭，是指对于不可能立即扑灭的火灾，要首先控制火势的继续蔓延扩大，在具备了扑灭火灾的条件时，再展开全面进攻，一举消灭。义务消防队灭火时，应根据火灾情况和本身力量灵活运用这一原则。对于能扑灭的火灾，要抓住战机，就地取材，速战速决；如火势较大，灭火力量相对薄弱，或因其他原因不能立即扑灭时，就要把主要力量放在控制火势发展或防止爆炸、泄漏等危险情况发生上，以防止火势扩大，为彻底扑灭火灾创造有利条件。先控制，后消灭，在灭火过程中是紧密相连的两个环节，只有首先控制住火势，才能迅速将火灾扑灭。控制火势要根据火场的具体情况，采取相应措施。火场上常见的做法有以下几种：

① 建筑物失火。当建筑物一端起火向另一端蔓延时，可从中间适当部位控制；建筑物的中间着火时，应从两侧控制，以下风方向为主；发生楼层火灾时，应从上下控制，以上层为主。

② 油罐失火。油罐起火后，要冷却燃烧罐，以降低其燃烧强度，保护罐壁；同时要注意冷却邻近罐，防止因温度升高而爆炸起火。

③ 管道失火。当管道起火时，要迅速关闭阀门，以断绝原料源；堵塞漏洞，防止气体扩散，液体流淌；同时要保护受火势威胁的生产装置、设备等。不能及时关闭阀门或阀门损坏无法断料时，应在严密保护下暂时维护稳定燃烧，并立即设法导流、转移。

④ 易燃易爆单位（或部位）失火。要设法消灭火灾，以排除火势扩大和爆炸的危险；同时要疏散保护有爆炸危险的物品，对不能迅速灭火和不易疏散的物品要采取冷却措施，防止受热膨胀爆裂或起火爆炸而扩大火灾范围。

⑤ 货场堆垛失火。一垛起火，应阻止火势向邻垛蔓延；货区的边缘堆垛起火，应阻止火势向货区内部蔓延；中间垛起火，应保护周围堆垛，以下风方向扑救为主。

（三）先重点、后一般的原则

先重点、后一般，是就整个火场情况而言的。运用这一原则，要全面了解并认真分析火场的情况，主要是：

① 人和物相比，救人是重点。

② 贵重物资和一般物资相比，保护和抢救贵重物资是重点。

③ 火势蔓延猛烈的方面和其他方面相比，控制火势蔓延猛烈的方面是重点。

④ 有爆炸、毒害、倒塌危险的方面和没有这些危险的方面相比，处置这些危险的方面是重点。

⑤ 火场上的下风向与上风、侧风向相比，下风向是重点。

⑥ 可燃物资集中区域和这类物品较少的区域相比，这类物品的集中区域是保护重点。

⑦ 要害部位和其他部位相比，要害部位是火场上的重点。

三、几种灭火方法的基本原理

初起火灾容易扑救，但必须正确运用灭火方法，合理使用灭火器材和灭火剂，才能有效地扑灭初起火灾，减少火灾危害。

灭火的基本方法，就是根据起火物质燃烧的状态和方式，为破坏燃烧必须具备的基本条件而采取的一些措施。具体有以下四种措施。

（一）冷却灭火法

冷却灭火法，是将灭火剂直接喷洒在可燃物上，使可燃物的温度降低到燃点以下，从而使燃烧停止。用水扑救火灾，其主要作用就是冷却灭火。一般物质起火，都可以用水来冷却灭火。

火场上，除用冷却法直接灭火外，还经常用水冷却尚未燃烧的可燃物质，防止其达到燃点而着火；还可用水冷却建筑构件、生产装置或容器等，以防止其受热变形或爆炸。

（二）隔离灭火法

隔离灭火法，是将燃烧物与附近可燃物隔离或者疏散开，从而使燃烧停止。这种方法适用于扑救各种固体、液体和气体火灾。

采取隔离灭火的具体措施很多。例如，将火源附近的易燃易爆物质转移到安全地点；关闭设备或管道上的阀门，阻止可燃气体、液体流入燃烧区；排除生产装置、容器内的可燃气体、液体，阻拦、疏散可燃液体或扩散的可燃气体；拆除与火源相毗连的易燃建筑结构，形成阻止火势蔓延的空间地带等。

（三）窒息灭火法

窒息灭火法，即采取适当的措施，阻止空气进入燃烧区，或惰性气体稀释空气中的氧含量，使燃烧物质缺乏或断绝氧而熄灭，适用于扑救封闭式的空间、生产设备装置及容器内的火灾。

火场上运用窒息法扑救火灾时，可采用石棉被、湿麻袋、湿棉被、沙土、泡沫等不燃或难燃材料覆盖燃烧或封闭孔洞；用水蒸气、惰性气体（如二氧化碳、氮气等）充入燃烧区域；利用建筑物上原有的门以及生产储运设备上的部件来封闭燃烧区，阻止空气进入。此外，在无法采取其他扑救方法而条件又允许的情况下，可采用水淹没（灌注）的方法进行扑救。但在采取窒息法灭火时，必须注意以下几点：

① 燃烧部位较小，容易堵塞封闭，在燃烧区域内没有氧化剂时，适合于采取这种方法。

② 在采取用水淹没或灌注方法灭火时，必须考虑到火场物质被水浸没后能否产生的不良后果。

③ 采取窒息方法灭火以后，必须确认火已熄灭，方可打开孔洞进行检查。严防过早地打开封闭的空间或生产装置，而使空气进入，造成复燃或爆炸。

④ 采用惰性气体灭火时，一定要将大量的惰性气体充入燃烧区，迅速降低空气中氧的含量，以达窒息灭火的目的。

（四）抑制灭火法

抑制灭火法，是将化学灭火剂喷入燃烧区参与燃烧反应，中止链反应而使燃烧反应停止。采用这种方法可使用的灭火剂有干粉和卤代烷灭火剂。灭火时，将足够数量的灭火剂准确地喷射到燃烧区内，使灭火剂阻断燃烧反应，同时还要采取冷却降温措施，以防复燃。

在火场上采取哪种灭火方法，应根据燃烧物质的性质、燃烧特点和火场的具体情况，以及灭火器材装备的性能进行选择。

四、常见灭火剂的种类及灭火作用

（一）灭火剂的种类

现代灭火剂的发展很快，不仅在品种上日趋繁多，能够造出扑救各种火灾的灭火剂，而且在质量上不断提高，向着高效、低毒和通用的方向发展。目前，我国常用的灭火剂种类有：

1. 水

古今中外，水是使用最广泛的一种天然灭火剂。

2. 泡沫灭火剂

泡沫是一种体积较小，表面被液体包围的气泡群。火场上使用的灭火泡沫是由泡沫灭火剂的水溶液，通过物理、化学作用，充填大量气体（二氧化碳或空气）后形成的。通常使用灭火泡沫，发泡倍数的范围为 2 ～ 1 000，密度在 0.001 ～ 0.5。

① 普通泡沫灭火剂：这类泡沫灭火剂适用于扑救 A 类火灾和 B 类火灾中的非极性液体火灾（包括蛋白泡沫灭火剂、氟蛋白泡沫灭火剂、水成膜泡沫灭火剂、化学泡沫灭火剂和合成泡沫灭火剂）。

② 抗溶泡沫灭火剂：这类泡沫灭火剂适用于扑救 A 类火灾和 B 类火灾（包括金属皂型抗溶泡沫灭火剂、凝胶型抗溶泡沫灭火剂、抗溶氟蛋白泡沫灭火剂和抗溶化学泡沫灭火剂等）。

3. 干粉灭火剂

这类灭火剂是一种微细而干燥的、易于流动的固体粉末。

① 普通干粉灭火剂：这类干粉灭火剂适用于扑救 B、C 类火灾和带电设备火灾（它主要是以碳酸氢钠为基料的干粉）。

② 多用干粉灭火剂：这类干粉灭火剂适用于扑救 A、B、C 类火灾和带电设备火灾（它主要是以磷酸铵盐为基料的干粉）。

4. 卤代烷灭火剂

以卤素原子取代烷烃分子中的部分或全部氢原子后得到的有机化合物的统称卤代烷。一些低级烷烃的卤代物具有程度不同的灭火作用，这些具有灭火作用的低级烷烃卤代烷称为卤代烷灭火剂（卤代烷灭火剂应用范围较广，并且灭火速度快、用量省、容易汽化、空间淹没性好、洁净、不导电、可靠期贮存不会变质，是一种优良的灭火剂）。这类气体由氟、氯、溴等卤素原子取代低级烷烃（甲烷、乙烷）分子中氢原子后所得到的一类有机化合物。

5. 二氧化碳灭火剂

是一种惰性气体，具有不燃烧、不助燃的性质，所以在燃烧区内稀释空气，减少空气的含氧量，从而降低燃烧强度。当二氧化碳在空气中的浓度达到 30% ～ 35% 时，就能使燃烧熄灭。

（二）灭火剂的灭火作用

1. 水的灭火作用

① 冷却作用：冷却是水的主要灭火作用。试验证明，若将 1 千克常温下的水（20 摄氏度）喷洒到火源处，使水温升至 100 摄氏度，则要吸收 335 千焦的热量，若再将其汽化，变成 100 摄氏度的水蒸气，又能吸收 2 259 千焦的热量。因此当水与炽热的燃

烧物接触时，在被加热和汽化的过程中，就会大量吸收燃烧物的热量，迫使燃烧物的温度大大降低而最终停止燃烧。

② 窒息作用：水遇到炽热的燃烧物会被加热和汽化，产生大量的水蒸气。1 千克水汽化后可生成 1 700 升水蒸气。水变成水蒸气后，体积急剧增大，大量水蒸气的产生，将排挤和阻止空气进入燃烧区，从而降低了燃烧区内氧气的含量。试验证明，当空气中的水蒸气体积含量达 35%时，大多数燃烧就会停止。1 千克水变成水蒸气时的抑制燃烧空间可达 5 立方米，因此，水有良好的窒息灭火作用。

③ 冲击作用：在机械力的作用下，直流水枪射出的密集水流，具有强大的冲击力和动能。高压水流强烈地冲击燃烧物和火焰，可以冲散燃烧物，使燃烧强度显著减弱；水还可以冲断火焰，使之熄灭。

④ 稀释作用：水溶性可燃液体发生火灾时，在允许用水扑救的条件下，水与可燃液体混合后，可降低它的浓度，因而降低了蒸发速度和燃烧区内可燃气体的浓度，使燃烧强度减弱。当水溶性可燃液体被水稀释到可燃浓度以下时，燃烧即自行停止（水的稀释灭火作用只适用于容器中贮有少量水溶性可燃液体的火灾，或浅层的水溶性可燃液体溢流引起的火灾）。

2. 泡沫灭火剂的灭火作用

① 覆盖作用（主要作用）：灭火泡沫在燃烧物表面形成的泡沫覆盖层，可使燃烧物表面与空气隔离，可以遮断火焰对燃烧物的热辐射，阻止燃烧物的蒸发或热解挥发，使可燃气体难以进入燃烧区。

② 冷却作用：泡沫析出的液体对燃烧表面可起到冷却作用。

③ 稀释作用：泡沫受热蒸气产生的水蒸气有稀释燃烧区氧气浓度的作用（适用于扑救 A、B 类火灾中的非水溶性液体火灾；不适用于扑救遇水燃烧物质的火灾、气体火灾和带电设备的火灾）。

3. 干粉灭火剂的灭火作用

① 抑制作用：干粉喷入燃烧区与火焰混合时，粉粒便与火焰中的自由基接触而把它瞬时吸附在自己的表面，形成了不活泼的水。所以借助粉粒的作用，可以消耗火焰中的自由基 OH 和 H。当大量的粉粒以雾状形式喷向火焰时，可以大大吸收火焰中的自由基，使其数量急剧减少，从而中断燃烧的链锁反应，使火焰熄灭。

② 稀释作用：使用干粉灭火时，浓云般的粉雾包围了火焰，可以减少火焰对燃料的热辐射；同时，粉粒受高温的作用，将会放出结晶水或发生分解，这样不仅可以吸收部分热量，而且分解生成的不活泼气体又对燃烧区内氧的浓度有稀释作用（但这些作用对灭火的影响远不如抑制作用大）（适用于扑救可燃气体火灾和甲、乙、丙类液

体火灾及电气设备火灾。干粉灭火剂对人、畜是无毒或低毒，但有强烈的窒息作用）。

4. 卤代烷灭火剂的灭火作用

化学作用：卤代烷灭火剂在火焰的高温中分解产生活性游离基，参与物质燃烧过程中的化学反应，清除维持燃烧所必需的活性游离基 OH、H 等，生成稳定的分子 H_2O、CO_2 以及活性较低的游离基 R 等，从而使燃烧过程中的链锁反应中断而灭火（适用于扑救精密设备、仪器、仪表文物档案的火灾，灭火后无残渣、残迹和污损）。

5. 二氧化碳灭火剂灭火的作用

① 窒息作用（主要作用）：当把二氧化碳施放到灭火空间时，由于二氧化碳的迅速汽化，排挤、稀释燃烧区的空气，使空间的氧气含量减少，当空间的氧气含量低于维持物质燃烧所需的极限氧含量时，物质的燃烧就会熄灭。

② 冷却作用（次要作用）：当把二氧化碳从钢瓶中释放出来，由液体迅速膨胀为气体时，会产生一个冷冻效果，致使部分二氧化碳转变为固态的干冰。干冰迅速汽化的过程中，要从火焰和周围环境吸热（适用于扑救气体火灾，甲、乙、丙类液体火灾和一般固体物质火灾。灭火后无污染、无腐蚀，不留痕迹。另外，二氧化碳是一种不导电的物质，可以用来扑救带电设备的火灾）。

五、常用灭火器材的种类及使用方法

（一）灭火器的种类

灭火器的种类很多，按其移动方式可分为：手提式和推车式；按驱动灭火剂的动力来源可分为：储气瓶式、储压式、化学反应式；按所充装的灭火剂则又可分为：泡沫、干粉、卤代烷、二氧化碳、酸碱、清水等。

（二）灭火器适应火灾及使用方法

1. 空气泡沫灭火器适应火灾及使用方法

适应火灾：

适用于扑救一般 B 类火灾，如油制品、油脂等火灾，也可适用于 A 类火灾，但普通泡沫不能扑救 B 类火灾中的水溶性可燃、易燃液体的火灾，如醇、酯、醚、酮等物质火灾；不能扑救带电设备及 C 类和 D 类火灾。

使用方法：

使用时可手提或肩扛迅速奔到火场，在距燃烧物 6 米左右，拔出保险销，一只手握住开启压把，另一只手紧握喷枪；用力捏紧开启压把，打开密封或刺穿储气瓶密封片，空气泡沫即可从喷枪口喷出。空气泡沫灭火器使用时，应使灭火器始终保持直立状态、切勿颠倒或横卧使用，否则会中断喷射。同时应一直紧握开启压把，不能松手，否则也会中断喷射。

2. 二氧化碳灭火器的使用方法

灭火时只要将灭火器提到或扛到火场，在距燃烧物 5 米左右，放下灭火器拔出保险销，一只手握住喇叭筒根部的手柄，另一只手紧握启闭阀的压把。对没有喷射软管的二氧化碳灭火器，应把喇叭筒往上扳 70 ～ 90 度。使用时，不能直接用手抓住喇叭筒外壁或金属连线管，防止手被冻伤。灭火时，当可燃液体呈流淌状燃烧时，使用者应将二氧化碳灭火剂的喷流由近而远向火焰喷射。当可燃液体在容器内燃烧时，使用者应将喇叭筒提起，从容器的一侧上部向燃烧的容器中喷射，不能将二氧化碳射流直接冲击可燃液面，以防止将可燃液体冲出容器而扩大火势，造成灭火困难。

使用二氧化碳灭火器时，在室外使用的，应选择在上风方向喷射。在室内窄小空间使用的，灭火后操作者应迅速离开，以防窒息。

3. 干粉灭火器适应火灾和使用方法

碳酸氢钠干粉灭火器适用于易燃、可燃液体、气体及带电设备的初起火灾；磷酸铵盐干粉灭火器除可用于上述几类火灾外，还可扑救固体类物质的初起火灾。但都不能扑救金属燃烧火灾。

灭火时，操作者可手提或肩扛灭火器快速奔赴火场，在距燃烧处 5 米左右，放下灭火器。如在室外，应选择在上风方向喷射。操作者应先将开启把上的保险销拔下，然后握住喷射软管前端喷嘴部，另一只手将开启压把压下，打开灭火器进行灭火。灭火器在使用时，一只手应始终压下压把，不能放开，否则会中断喷射。

干粉灭火器扑救可燃、易燃液体火灾时，应对准火焰根部扫射，如果被扑救的液体火灾呈流淌燃烧时，应对准火焰根部由近而远，并左右扫射，直至把火焰全部扑灭。如果可燃液体在容器内燃烧，使用者应对准火焰根部左右晃动扫射，使喷射出的干粉流覆盖整个容器开口表面；当火焰被赶出容器时，使用者仍应继续喷射，直至将火焰全部扑灭。在扑救容器内可燃液体火灾时，应注意不能将喷嘴直接对准液面喷射，防止喷流的冲击力使可燃液体溅出而扩大火势，造成灭火困难。如果当可燃液体在金属容器中燃烧时间过长，容器的壁温已高于扑救可燃液体的燃点，此时极易造成灭火后再复燃的现象，若与泡沫类灭火器联用，则灭火效果更佳。

使用磷酸铵盐干粉灭火器扑救固体可燃物火灾时，应对准燃烧最猛烈处喷射，并上下、左右扫射。如条件许可，使用者可提着灭火器沿着燃烧物的四周边走边喷，使干粉灭火剂均匀地喷在燃烧物的表面，直至将火焰全部扑灭。

第四节 火场疏散逃生

一、疏散逃生的基本方法和要求

（一）火灾中人员的安全疏散

火灾中人员疏散，是指在有关人员的指导和协助下，使被困人员安全地从着火建筑物内撤离的一种行为。换句话说，安全疏散是一种有组织、有计划、有救护行为的撤离火灾危险境地的救助性行为。因此，在发生火灾时，为了顺利地实施人员的疏散，平时必须制订应急疏散预案，提出在火灾情况下稳定被困人员情绪的措施，规定疏散路线和疏散出口，并画出疏散人员示意图，对不同工作人员应按不同着火区域分别提出任务和要求。

1. 人员疏散的基本原则

（1）正确通报，统一指挥

如果被困人员较多，在火灾初起阶段，工作人员可首先通知出口附近和受火势威胁的人员疏散出动，然后视情况公开通报，让其他人员疏散；若火势猛烈，且被困人员较少时，可同时公开通报火情，但要避免疏散时发生混乱，造成不必要的人员伤亡。在火场上具体如何通报，可根据火场具体情况而定，但必须保证迅速、简便，使各种疏散设施得到及时充分的利用。

统一指挥是避免疏散中产生混乱、交叉和拥挤，减少伤亡的重要措施。统一指挥可使疏散工作在有步骤、有方法、有秩序和有保障的指导下进行。当必须采用同一个通道疏散时，必须合理地安排先后顺序，分别进行引导。当具备多条路线和辅助安全疏散设施时，则应合理分配各自的安全疏散通道和各种安全疏散设施。在互不干扰、分头进行的安排下迅速疏散。安全疏散是一项复杂而带有危险性的行动，必须在统一指挥下进行，严防各行其是。指挥人员在疏散中应利用广播、话筒等工具将指令及时告知被困人员。

火灾中安全疏散的指挥，应由单位的领导和消防队承担。通常在消防队未到之前，由单位的领导或指定保卫部门、消防控制室人员临时负责指挥。当消防队到场后，应将安全疏散的指挥权移交给消防队，并向消防队详细汇报火灾情况、疏散情况，特别是须紧急采取救助和疏散的人员数量、位置等情况。

（2）疏散引导

发生火灾，由于急于逃生的心理作用，被困人员可能会一起拥向有明显标志的出口，造成拥挤混乱。此时，工作人员必须设法疏散引导，指明各种疏散通道，同时要以镇定的语气不断呼喊，劝说被困人员消除猝然临险后产生的恐慌心理，使被困人员有条不紊地安全疏散。

发生火灾后，最常用的疏散方式是语言疏导。语言疏导包括口头语言引导和广播语言引导。口头语言引导是各楼层工作人员在实施引导疏散时所使用的引导疏散方式，由于工作人员对疏散通道比较熟悉，了解火情，在火灾中与被困人员共患难，镇定地组织指挥疏散，可使被困人员对工作人员产生安全感和信赖感，稳定被困人员的情绪，增强被困人员成功疏散的信心。广播语言引导和口头语言引导所不同的是，广播语言是由控制中心发出的。

发生火灾使用语言引导疏散时，主要应做好如下几点：

① 说明火灾事故情况。如起火部位、火势严重程度等。

② 讲明疏散注意事项。如哪些部位的人员需要疏散，哪些部位的人员暂时不需要疏散。

③ 指示疏散方向。指明利用哪些疏散通道，可到达何处最安全的地方，并说明指示标志和颜色。

④ 说明疏散道理。如疏散时人员要听从指挥，所采取的各种疏散是为了避免出现严重拥挤或造成堵塞，尽快将人员疏散到安全地区，以减轻人们对火灾的恐惧等。

⑤ 对涉外场所应使用不同的语言轮流广播或轮流用口头语言，说明疏散时的注意事项。用语言引导疏散时应注意用语的艺术和效果。用语要给人以安详、平静感，听后对稳定情绪有益，如使用“请您注意”等。要使用常用的通俗语言，好听易懂。语言用词要求明确坚定、语调清晰，做到句句明确、字字入耳。

火势较大直接威胁人员安全、影响人员疏散时，工作人员可利用各种灭火器材，全力堵截火势的发展，掩护被困人员疏散。如被困人员较多，且由于惊慌混乱而造成疏散通道和疏散出口堵塞时，要派人疏导，向外拖拉。有人跌倒时，应设法阻止人流，迅速扶起跌倒人员，有时需要采取强制疏散措施疏导，防止出现伤亡事故。

每位被困人员必须清楚地认识到，在有关人员的指挥和引导下所进行的疏散方式和方法是具有保证的，疏散时都必须按照指挥和引导疏散人员的要求去做，凭想当然擅自行动或争抢挤撞会产生危险后果。因此，被困人员一定要严格按照指挥人员的指令，规范自己的行动。

（3） 疏散顺序

被困人员较多时，发生火灾疏散时一定要分清轻重缓急。疏散顺序一般为先着火层、后着火层以上各层、再着火层以下各层的顺序进行，以安全疏散到地面为主要目标。

优先安排受火势威胁最严重及最危险区域内的人员疏散是最紧迫的首要任务。此时若贻误时机，则极易产生惨重的伤亡后果。火灾中，一般是着火楼层内的人员遭受烟火危险的程度最重，如疏散不及时，极易出现跳楼、中毒、昏迷、窒息等情形。因此当疏散通道狭窄或单一时，应首先救助和疏散着火层的人员。着火层以上各层是烟火蔓延及很快波及的区域，也应作为疏散重点，尽快疏散。相对来说，下面各层较为安全，不仅疏散路径短，火势殃及的速度也慢，会有一段安全疏散时间。分清轻重缓急按楼层疏散，可大大减轻安全疏散通道压力，避免人流密度过大、路线交叉等原因所致的堵塞、践踏等恶果，保持通道畅通。

疏散中在同样的条件下应为先老弱病残妇幼后一般人员，最后为救助人员的疏散顺序，这是单位负责人必须遵循的疏散原则。对于行动有困难的特殊人员，还应指派专人协助撤离。负责疏导安全撤离的工作人员绝不可只顾自己逃生而抛下其他人员不管，这是法律不允许的渎职行为。

（4） 疏散中禁止使用普通电梯运载被困人员

普通电梯由于缝隙多，极易受到烟火的侵袭，而且电梯竖井又是烟火蔓延的主要通道，所以采用普通电梯为疏散工具是极不安全的。曾有中途停电、窜入烟火、普通电梯成为火势蔓延通道的多起悲剧案例。因而火灾时，原则上首先关闭普通电梯，利用安全疏散通道或开启紧急消防电梯进行抢运人员。

（5）疏散、控制火势和火场排烟应同时进行

组织力量利用消火栓、防火门、防火卷帘等固定消防设施控制火势，启用通风和排烟系统降低烟雾浓度，阻止烟火侵入疏散通道，及时关闭各种防火分隔设施等，都可为安全疏散创造有利条件，使疏散行动进行得更为顺利、安全。

2. 人员安全疏散的基本方法

发生火灾后，首先通过广播、警铃、室内电话等音响和通信工具以及喊话等方法向被困人员报警，通过教育宣传稳定楼内人员的紧张惊慌情绪，告知最佳疏散路线、疏散方法以及疏散中必须注意的事项。指令安全保卫人员、义务消防人员、消防控制室及各楼层工作人员履行紧急情况下的行动职责，如开启水泵、切断电源、关闭防火分隔设备、启动通风排烟系统等。迅速引导各层人员疏散或在疏散诱导指示灯的指示下，按疏散走道、疏散楼梯或紧急电梯等安全疏散通道，有组织地迅速疏散到着火层之下的楼层，直到建筑物外地面。对于难以向地面疏散的人员，应有组织地将他们疏散到避难层、避难间、楼顶平台的上风处或可用做第二安全区、第三安全区的区域或部位，进行临时避难和等待消防队的救援。

在引导疏散过程中，始终应把疏散秩序和安全作为管理的重点，尤其要防止拥挤、践踏、摔伤等事故发生。遇有混乱现象应坚决制止，必要时可采取强制性措施，切实保证疏散过程中的安全。在疏散通道的拐弯、岔道等容易走错方向的部位应设立哨位指示方向，防止出现误入“死胡同”或进入危险区的事故。对于发现有逃出人员重新返回火场抢救财物的行为，要坚决予以制止。

因下行疏散路线受阻、着火层及以上楼层的人员无法按正常疏散通道疏散时，首先应安定他们的情绪，防止乱跑乱窜、各行其是。树立必胜信心，然后分批分期地利用室外楼梯、缓降器、安全绳、紧急电梯等辅助安全疏散设施将被困人员疏散到避难层、避难间、阳台、平台等临时性避难部位和场所。被疏散到临时性避难场所的人员，应及时与外部沟通、联系，以便消防队员采取紧急营救措施，使其尽快脱离险境。

值得注意的是，所有单位或场所都应制定火灾时的安全疏散预案，明确各部门的分工和职责，制定疏散程序、方法和注意事项，并加强平时的演练，做到每位工作人员都了解不同部位发生火灾时每个人的职责、分工和做法，做到有备无患，临危不乱。

3. 人员安全疏散的要则

（1）熟悉环境，临危不乱，尽快逃生

每个人对自己工作、学习或居住所在的建筑物的结构和逃生路径平日就要做到了然于胸，而当身处陌生环境，如入住酒店、商场购物、进入娱乐场所时，为了自身安全，务必留心疏散通道、安全出口以及楼梯方位等，以便在关键时候能尽快逃离火场。

（2）保持镇静，明辨方向，迅速撤离

突遇火灾时，首先要强令自己保持镇静，千万不要盲目地跟从人流和相互拥挤、乱冲乱撞。撤离时，要注意朝明亮处或外面空旷地方跑，要尽量往楼层下面跑，若通道已被烟火封阻，则应背向烟火方向离开，通过阳台、气窗等往室外逃生。

当发生火灾后，作为组织指挥人员应保持镇静，稳定情绪，维护现场秩序。要立即通过广播、警铃、室内电话等音响及喊话等方式，向火灾建筑物内的人员发出警报。通过宣传稳定人员的情绪，告知人们最佳疏散路线、疏散方法及疏散中必须注意的事项。与此同时，要按分工组织楼内工作人员或熟悉情况的有关人员维护现场秩序，组织有序疏散，防止因惊慌造成挤伤、踩伤事故。

（3）不入险地，不贪财物，不重返火场

在火灾中，人的生命最重要，不要因害羞或顾及贵重物品，把宝贵的逃生时间浪费在穿衣服或寻找、搬运贵重物品上。已逃离火场的人，千万不要重返险地。

火场上脱离险境的人员，往往因某种心理原因的驱使不顾一切地要重新回到火场原处。例如有的是亲人被围困在火场，急于救出亲人；有的怕珍贵的财物被烧，急于抢救出来等，这不仅会使他们重新陷入危险境地，还会给火场救援工作带来困难。因此，火场指挥人员应组织专人安排好这些脱险人员，做好安慰工作，以保证他们的安全。

（4）简易防护，捂口掩鼻，低姿逃离

发生火灾后，由于产生大量烟雾，使建筑物内的能见度迅速降低，再加上建筑物内停电或断电，更使疏散通道内光线微弱，能见度极低，几乎难以看清路线或方向。因此疏散时，应在熟悉疏散通道的工作人员的引导下，鱼贯地撤离起火点。引导被困人员可用绳子牵引，用“跟着我”的喊话，或前后扯着衣襟的方法将人员疏散至室外或安全地点。撤离时，应选择最近且最安全的路线。

火灾中产生的烟雾流动，首先是向上扩散，遇到顶棚后开始水平流动，水平流动遇到墙壁阻挡后，则开始下沉，不断地增加烟层的厚度。如果烟雾不能向室外扩散，随着时间的延长，烟层的厚度会在很短时间内到达距地面很低的高度，此时距地面的一定高度的空气烟雾较少。因此，组织疏散的指挥人员就应要求所有的被困人员，采取低姿行走或匍匐爬行的方法穿过浓烟区域，以避免烟雾中毒。如果有条件的话，可向被困人员提供毛巾、简易面罩等工具，或可用湿毛巾等堵住口鼻，或用鼻子呼吸等，并快速撤离烟雾区，防止烟雾的侵袭。另外，也可以采取向头部、身上浇冷水或用湿毛巾、湿棉被、湿毯子等将头、身裹好后，再冲出去。

（5）善用通道，不乘电梯，及时疏散

符合规范标准的建筑物，都会有两条以上的逃生楼梯、通道或安全出口。发生火灾时，要根据情况选择进入相对较为安全的楼梯通道。除可利用楼梯外，还可利用建筑物的阳台、窗台、屋顶等攀到周围的安全地点；沿着下水管、避雷线等建筑上的凸出物，也可下楼脱险。千万要记住，高层楼着火时，不要乘坐普通电梯，因为普通电梯井直通大楼各层，电梯井的烟囱效应很强，烟雾、高温、热气很容易涌入并聚集，致使电梯内人员因烟气中毒而窒息死亡。在热的作用下会造成电梯失控或变形，使电梯不能运行。此外，火灾时普通电梯的电源常常被切断，电梯一旦断电就等于断了逃生之路。

（6）无法逃生，固守避险，等待救援

假如用手摸房门已感到烫手，一旦开门，火焰与浓烟势必迎面扑来。此时，首先应关紧迎火的门窗，打开背火的门窗，用湿毛巾、湿布等塞住门缝，或用水浸湿棉被，蒙上门窗，然后不停用水淋透房间，防止烟火渗入，固守房间，等待救援人员到达。

（7）想方设法传送信号，寻求援助

被烟火围困时，尽量待在阳台、窗口等易于被人发现和能避免烟火近身的地方。

在白天，可向窗外晃动鲜艳的衣物等；在晚上，可用手电筒不停地在窗口晃动或敲击东西，及时发出有效求救信号。在被烟气窒息失去自救能力时，应努力爬向门边或边墙，既便于消防人员寻找、营救，也可防止房屋塌落时砸伤自己。

（8）身上着火，就地打滚，切勿惊跑

火场上如果发现身上着了火，惊跑和用手拍打，只会形成风势，加速氧气补充，促旺火势。正确的做法是赶紧设法脱掉衣服或就地打滚，压灭火苗。能及时跳进水中或让人向身上浇水则更有效。

（9）缓降逃生，滑绳自救，切忌跳楼

火场上逃生的首先选择就是灵活有效地利用当时现场的各种有利条件，快速逃离火场。如下层着火时，楼上的人不要惊慌失措，要迅速侦察楼梯间情况，若楼梯间只有烟而没有火，可采取低姿穿越逃生；若楼梯间被烟火封住但未坍塌，还有可能冲出去时，可向头部、上身淋些水，用浸湿的棉被、毯子等物披围在身上，从火中冲过去；若楼梯已被烧断、通道被堵死时，可通过房顶、阳台、落水管等处逃生；若上述办法都不可行，则可退居室内，紧关通往火区的门窗，并向门窗上浇水，延缓火势蔓延，同时向窗外发出求救信号，等待救援。

高层、多层建筑发生火灾后，可迅速利用身边的绳索或床单、窗帘、衣服等自制简易救生绳，并用水打湿后，从窗台或阳台沿绳滑到下面的楼层或地面逃生。即使跳楼也要跳在消防队员准备好的救生气垫上。如没有救生气垫，又处于三层以下非采取跳楼的方式不可时，要注意选择好有水池、软雨篷、草地等环境或条件时再跳，如有可能，要尽量抱些棉被、沙发垫等松软物品或打开大雨伞跳下。跳楼虽可求生，但会对身体造成一定的伤害，所以要慎之又慎。

（10） 高层着火，冷静处置，不可莽撞

高层建筑着火时，疏散较为困难，因此更应沉着冷静，不可采取莽撞措施，以避免发生次生灾害。首先要冷静观察从哪里可以疏散逃生，并且要呼叫他人，提醒他人及时进行疏散。疏散时应按照安全出口的指示标志，尽快地从安全通道和室外消防楼梯安全撤出，切勿盲目乱窜或奔向电梯，那样反而贻误逃生的时机或被困在电梯间而致死；如果情况危急，急欲逃生，可利用阳台之间的空隙、落水管或自救绳等滑行到没有起火的楼层或地面上，但千万不要跳楼，选择跳楼总是凶多吉少；如果确实无力或没有条件用上述方法自救时，可紧闭房门以减少烟气、火焰进入，并用水浇湿房门，用湿毛巾堵塞缝隙，躲在窗户下或到阳台避烟。总之，在任何情况下，都不可放弃求生的希望。

高层建筑的工作人员，要善于引导被困人员疏散，当烟雾弥漫走道或楼梯间时，要及时排烟，并尽可能引导客人从远离着火区的疏散楼梯疏散。

（二）火灾中的自救逃生

火灾中的人员逃生与自救，是指发生火灾时依靠个人的力量，无组织地、自发地从着火建筑物中独自进行撤离的一种行动，该种行动多数进行于火灾之初。由于火灾的偶发性和突然性，因而人们的逃生具有一定的盲目性。撤离得好，顺利脱离险境；反之，可能误入歧途，甚至陷入绝境。

火灾时，由于在场人员有烟气中毒、窒息，以及被热辐射、热气流烧伤的危险。因此，面对火灾，逃生者根据每个人的不同情况和心理状况所表现出的不同反映，对于能否顺利逃生有着密切的关系。

1. 人在火灾中的反应类型

面对滚滚浓烟、熊熊烈火和阵阵热浪，不同心理承受能力的人有着不同的行为表现，其表现一般有以下类型：

（1）目瞪口呆型

这种人听到火灾的警报或喊叫声，慌忙打开自己的房门，一阵热浪迎面冲击过来，发现自己已经深陷火海之中，完全被眼前残酷的情形所震惊，头脑中一片空白，只能呆若木鸡地站立或瘫坐在地上，任凭火势发展，有时都会把被援救的机会错过。一般胆小怕事的人易出现这种情况。

（2）不知所措型

这种人面对浓烟和火灾多会大喊大叫，同时会进行一些扑救，但其思维混乱，无法判定火灾情势，犹豫于扑救和逃生之间，举棋不定，极易丧失扑灭火灾和安全疏散的大好时机。对消防知识不了解、心理承受能力不强的人，易犯这种错误。

（3）横冲直撞型

这种人当发现火灾，不知该往哪一个方向疏散，有很强的从众反应或冲着光线较强的方向奔跑，头脑中只有一个念头，那就是逃生，而不去做任何别的思考，往往是撞进“死胡同”，在一个墙角或是衣柜旁做无效的努力，白白浪费疏散的时间，错失逃生的希望。

（4） 情绪激动型

面对火灾，这种人往往会奋勇直前，不顾一切，在火场中猛冲，有一定的方向性，也能奔至阳台或楼顶等暂时性避难地带。但由于对火场缺少判断，对火灾极其恐惧，导致心情激动，易造成不必要的伤亡，表现最突出的是跳楼或从高处跳下而导致伤亡。

（5）沉着冷静型

这种人具有一定的消防常识或经历过火灾，有成熟的思考能力，能对初起火灾做出正确的处理，顺利到达安全地带，积极主动地等候和配合救援工作，并能带领其他人疏散逃生。

2. 火场自救逃生的原则

掌握火灾时逃生的基本原则是得以安全逃生的基础，原则是指导言行的法则，是应遵循的基本点。

（1）熟悉所处环境，选择最佳逃生路线

人到一个陌生环境后，首先要熟悉自己所处的环境。比如宾馆、饭店，最有效的做法是在房间内配置应急情况安全疏散路线图。图应贴在房间的房门内侧或门旁墙上，图中应标明楼层的平面图、防火分区示意图以及该房间所处的位置；同时，还要用箭头指明由房门至各安全出口的疏散通道路线，注明须知，即发生火灾时各种注意事项和疏散方法等。外来人员每到一处都应留心看一看太平门、楼梯、安全出口的位置，以及灭火器、消火栓、报警器位置，以便火灾时能及时逃出险区或将初起火灾及时扑灭，并在被围困的情况下能及时向外面报警求救。这种熟悉非常必要，只有养成这样的好习惯，才能有备无患。一旦发生火灾应沉着冷静，选择有利时机，选择最佳疏散路线，选择最佳逃生方法脱离危险区域。最佳的逃生路线应是路程最短，障碍较少而又能一次性抵达建筑物外面的路线。最好根据自己所处的位置熟悉两条逃生的安全路线，逃生时可根据火灾现场情况选择最佳的逃生路线。

（2）沉着冷静，树立坚定的逃生信念

发生火灾后，被烟火围困的人员往往是惊慌失措，慌不择路，盲目冒险；或束手无策，坐以待毙，丧失了逃生的信心，这两种极端都有可能酿成严重的后果。

建筑疏散通道长度和宽度、门的宽度和数量等都是根据常住人员密度、流动系数和步行速度等参数计算而设计出来的。正常有序的疏散和逃生，是能够保证建筑物内人员在火势到来之前安全疏散到楼外安全地点或进入避难场所的。不管发生火灾时你在何处，都不要过分紧张，只要无意外发生，就能安全逃生。

行为是受思想意识支配的。要想做到顺利地从火场逃生，首先必须树立坚定的逃生信念，并使之成为不论在任何艰难困苦的环境中都能支持的思想支柱。只有树立牢固的逃生信念，火灾时才能有强烈的逃生意识，增强必胜的信心，求得生路。当然，坚定的逃生信念，不是在火灾时突然产生的，它需要在平时有意识地养成。只有在平时牢固树立了逃生的信念，发生火灾时，人员在强烈的逃生意识支配下才能够产生顽强的逃生行动。

（3）争时间，抢速度

争分夺秒、迅速撤离是自我逃生的先决条件。从火势和烟气的发展规律可知，烟火的蔓延速度很快，群体人流的行进速度较慢，而且烟气具有毒性，人在烟雾中停留时间过长，重者会致人死亡，轻者也会使逃生受到极大妨碍。在火场上经常出现有人为顾及个人财物等贻误逃生的时机，甚至还有人逃出火场后为拿物品而返回火场的现象。一般情况下，在火灾前期撤离是安全的，可一次疏散到建筑物的地面，否则当火势增大时，不但要忍受烟火、热毒的危害，明显增加了人员疏散过程中的困难，而且在有限的疏散时间内很难到达最为安全的地点和部位。

（4）正确处理逃生、报警和灭火的关系

当火灾处于初起阶段时，应按照报警，疏散老弱病残和扑救火灾的顺序进行。身体较好的青壮年，不要一听到“着火啦”的喊声就立即只顾自己逃命，应协助查明起火地点和火势大小，现场做决定。当火灾处于初起阶段时，灭火最容易，所以应积极参与灭火，并及时进行火灾报警。报警是求得消防控制室和消防队救援的关键措施，发生火灾时应不失时机地运用通讯设施进行报警。

（5）充分利用楼内各种消防设施，必要时积极创造生存条件

楼内各种消防设施，如防火门、防烟楼梯间、应急电梯、室外楼梯、连通式阳台、避难层（间）等，都是为逃生和安全疏散创造条件、提供帮助的有效设施，火灾时应充分利用。为了避免在疏散路线上产生阻力和造成不安全感，一般建筑与安全出口相连通的走道都比较顺达、畅通、无死角，并尽量避免通道的宽度和方向有较大变化。较大型的建筑，都采用双向或环形走道。双向走道或环形走道的最大优点就是在走道上的任何一区被烟火封锁时，人员还可以通过另一端疏散走道经楼梯至其他安全区避难。

一般建筑都有两个方向的疏散路线，通常是标准层或防火分区两端各设一个安全出口。有的建筑在经常有人停留的部位设置安全出口，进行双向疏散，以防逃生人员陷入绝境。有的建筑是袋形走道，万一袋形走道通向楼梯间的唯一出口被烟火封锁，人员就难以逃出险境。为此袋形走道的尽端一般都设有辅助的安全出口，如疏散阳台、垂直疏散楼梯或缓降器等，可利用这些设施为人员的逃生创造条件。

在各种通道都被烟火封锁而一时又无人救援的情况下，在设有避难间的建筑里，被困人员应开辟避难间与烈火搏斗。当被困在房间时，应关紧迎火的门窗，但不能打碎玻璃，要是窗外有烟进来，还要关好窗户。如门窗缝隙或其他孔洞有烟进来，应用湿毛巾、床单等物品堵住，或挂上湿棉被等难燃或不燃物品，并不断向上面和门窗上洒水，最后向地面洒水，并淋湿房间内的一些可燃物。采取各种可能的措施，尽可能地延长避难时间，等待消防队员的救援。

避难间及其场所是为了救生而开辟的临时性避难处所。开辟的避难间要选择在有水源、可燃物少，并能同外界联系的房间。一方面有水源能进行降温、灭火、排烟，

以利避难人员生存，同时又能与外界联系及早获救。如房间有电话要及时报警，如没有电话，白天可用各色旗子或明显标志向外报警，夜间要打开手电等向外晃动报警求援。因火场情况不断发生变化，避难场所特别是被困人员开辟的临时避难场所，并不会永远绝对安全。所以，不要在能疏散的条件下不疏散而去开辟避难间避难，从而失去逃生机会。

一般情况下，人在火灾中正确的活动顺序是首先寻找起火房间或起火部位，寻找可能的灭火方法，向消防控制中心报警，呼喊告知其他人员撤离。当然还有穿衣、找东西、串房间、转移贵重物品等活动。但最有意义的活动莫过于关闭防火门，打开排烟系统，利用楼内消火栓灭火和寻找疏散通道逃生。在逃生十分困难时，可将防烟楼梯间、前室、阳台等作为临时性避难场所；但千万不可滞留于走廊、普通楼梯间等烟火极易扩散而又是没有消防设施的部位。

（6）疏散逃生时力避拥挤践踏

火场中做好个人防护、实现顺利逃生非常重要，但还要发扬团结友爱、舍己救人的精神，尽自己所能救助更多的人撤离火场。火灾疏散统计资料表明，小孩、老人、病人、残疾人和孕妇，在火灾事故伤亡中占有相当大的比例。这主要是由于他们的智力或体力不足，思维出现差错和行动迟缓而造成的，如能及时给予协助，就能使他们得以逃生。损人利己、妨碍他人疏散的行为是极不道德的。逃生中要尽力控制自己的情绪，切勿大喊大叫，乱窜乱撞，以免引起疏散人流的拥挤和混乱，应尽力起到帮助疏导和稳定人们情绪的作用。

在火灾逃生过程中，极易出现拥挤，甚至踩压践踏的现象，造成通道堵塞和发生不必要的人员伤亡，遇到只顾自己逃命，不顾别人死活的不道德行为和前拥后挤的现象，非但不能参与，还要想方设法坚决制止。如发现前面的人倒下，应立即拉起，发现拥挤应给予疏导或选择其他的辅助疏散方法给予分流，减轻单一通道的疏散压力。实在无法分流时，应采取强硬手段给予坚决制止，同时要告诫和阻止逆反人流的出现，保持疏散通道的畅通。

3. 火场自救逃生的方法

① 棉被护身法。用浸湿过的棉被（毛毯、棉大衣）盖在身上，确定逃生路线后，以最快的速度直接冲到安全区域，但千万不可用塑料雨衣作为保护。

② 毛巾捂鼻法。火灾烟气具有温度高、毒性大的特点，人员吸入后很容易引起呼吸系统烫伤或中毒。因此，在疏散逃生中应用湿毛巾捂住口鼻，以起到降温及过滤的作用。实施时，可将一块毛巾折叠为几层，把口和鼻同时捂住。

③ 匍匐前进法。由于火灾发生中的烟气大多聚集在上部空间，因此在逃生过程中

应尽量将身体贴近地面匍匐（或弯腰）前进，快速逃离火场。直立逃生，极易吸入大量的有毒烟气，使人在短时间内中毒，难以逃生。

④ 逆风逃生法。应根据火灾发生时的风向来确定逃生方向，快速逃到火场上风处躲避火焰和烟气，同时也可以获取更多的逃生时间。

⑤ 搭“桥”过渡法。可在阳台、窗台、屋顶平台处用木板、竹竿等较坚固的物体搭至相邻单元或相邻建筑，以此作为跳板转移到相对安全的区域。

⑥ 毛毯隔火法。将毛毯等织物钉或夹在门上，并不断往上浇水冷却，防止外部火焰或热烟气侵入到人员所处的房间。

⑦ 卫生间避难法。当实在无路可逃时，可利用卫生间进行避难。用毛巾塞住门缝，把水泼在地上降温，可在放满水的浴缸里躲避。但千万不可钻到床下等处避难，因为这些地方可燃物多且容易聚集烟气。

⑧ 利用安全绳逃生。两手握紧安全绳，同时两脚夹住安全绳，手脚并用直接向下滑。如年轻力壮，在手脚并用的同时，两手交替向下滑。如时间来得及，可戴上皮手套或用毛巾、布块等物品保护手心，手脚并用向下滑。

⑨ 利用电线杆、落水管、避雷针引下线逃生。两手紧握落水管、电线杆、避雷针引下线，同时两脚夹住，手脚并用向下滑。

⑩ 利用被单、衣物结绳逃生。把床单、被罩撕成条形或把衣物拧成麻花状，一件一件接起来，将结绳一头紧拴在窗框、铁栏杆等固定物上，用毛巾、布块等物保护手心，沿着接好的长绳往下滑。

二、常用消防救生器材的使用方法

（一）安全疏散引导设施

为了使火灾时的疏散工作顺利进行，建筑物一般都设置了火灾报警、广播、引导和指示等设施。

1. 事故照明及疏散指示

① 事故照明。由于火灾时停电给逃生造成了很大困难，所以疏散通道上的必要位置、疏散楼梯、消防电梯及前室、配电室、消防控制室（中心）、水泵房、人员密集的公共场所等处都应设置事故照明灯，事故照明灯一般设在墙面或顶棚上，其最低照度不低于 0.5 勒克斯，以玻璃或其他不燃烧材料保护罩覆盖。

② 疏散指示。疏散指示一般用箭头或文字表示，在黑暗中发出醒目光亮，便于识别。疏散标志通常设在太平门安全出口等的顶部、疏散走道及其路径转角处，其安装位置一般在距地面 1.0 米以下的墙面上。走道上的疏散指示标志间距不大于 20 米，疏散中

应沿着指示标志撤离，这样才能顺利逃至安全地点脱离危险。

2. 火灾警报装置、事故广播系统

① 火灾警报装置。警报器通常采用电铃、蜂鸣器和光标指示器等设备。警报器和光标指示器的功能，要充分考虑到人在睡眠时的听觉和烟雾对视觉产生的障碍，及时唤起人们的警觉，明白已发生了火灾。

② 事故广播系统。事故广播系统是告知火情和引导疏散的最好设备，要求大型建筑都必须设置事故广播系统。

（二）辅助逃生救人设施

人员集中的场所，发生火灾时为了确保人员的安全，都设置了封闭楼梯间、室外楼梯、消防电梯、通廊式阳台、避难层和避难间、楼顶平台等安全疏散设施。此外，有些建筑或场所还配备了种类繁多的安全疏散辅助设施，主要有安全绳、救生袋、救生垫、救生软梯、救生滑梯、救生滑台、救生舷梯、火场逃生面具等。

1. 安全绳

安全绳由化纤材料制作而成，具有重量轻、强度高等特点。安全绳是从楼房或其他高处逃生和救人使用的最简易器材。常用于消防队员滑绳自救，也可以按照救生结绳法的要求，结成“椅子扣”、“梅花扣”进行火场救人。此外，还可以把安全绳的一端固定起来，使绳自然下垂，供火灾中受火势威胁的人员握绳下滑自救。平时要把安全绳放在干燥通风处，防止其潮湿腐霉。使用前必须对安全绳进行严格的检查，使用中要避开尖利物，以免使绳受损，不要使绳承受超负荷的冲击载荷，防止出现断股甚至断绳而造成事故。

2. 救生袋

救生袋是两端开口，供火场被困人员从高处在其内部缓慢滑降的长条形袋状物。它一般由救生袋体、入口框架及地面固定环等组成。救生袋体是使用者实际下滑的隧道状布筒，是由三四层织物组成，外层为防火的玻璃纤维编织而成的防火层，中层是由弹性纤维编织而成的刹车层，里层是由高强度合成纤维编织而成的支撑层，也有的在以上三层的基础上又增加一层隔热层。入口框架是使用者顺利进入到救生袋体的器件，通过转轴连接在基础固定架上。地面固定环是用于固定救生袋体的器件，便于逃生者脱离救生袋。

有人把救生袋称为高层建筑发生火灾时逃生和救人的“自动梯子”。它既可以事先安装在楼房的阳台上，也可以装设在举高消防车上，还可以由救助人员临时架设在火场的适当部位。救生袋的安装有两种形式；一种是斜降式，另一种是直降式。

使用救生袋逃生或救人，使用者要脚下头上进入救生袋，依靠自身体重沿袋体下滑，同时依靠膝部、肘部和两臂支撑袋体，控制下滑速度，向外张力越大，下滑阻力越大，下降速度减慢；反之，下降速度则快。

救生袋的长度都是固定的，而实际火灾中被困人员所处的高度各不相同，所以使用救生袋时要根据火场救人的高度，选用相适应的救生袋投入救人活动；或将被困人员引导到适当高度，再通过救生袋救人。

3. 救生垫

救生垫是一种接救从高处下跳人员的充气软垫。平时救生垫是折叠起来存放的，使用时在现场用空气充填泵进行充灌压缩空气，充气以后，救生垫就像很大很厚的棉垫。由于内部充灌的是空气，当高处的逃生人员跳落在救生垫上时，救生垫就起到了缓冲作用，大大减缓人体自高处落下的惯性冲击力，使人免受损伤。但用救生垫救人也有局限性：一是救生高度有限。一般救生垫安全救生的跳落高度不超过 7 米，也就是不超过三层楼的高度。如果太高，人体落地的瞬时速度增大，救生垫的缓冲作用难以保证人体不受损伤。二是救生垫面积有限。目前使用的救生垫的面积为 5.7 ～ 12.1 平方米几种。由于救生垫占地面积较小，逃生人员从高处跳落时，有偏离救生垫的危险。

4. 缓降器

缓降器是一种可使人沿缓降绳缓慢下降，借人体自身下降的重力启动，依靠摩擦产生阻力或利用调速器自动调节控制下降速度，使人获得缓速降落的救生装置。目前国产缓降器已有多种规格，并被广泛应用于火灾中的逃生和救人。由于缓降器结构比较简单，设置场所比较随意，操作不太复杂，是一种比较理想的逃生和救人设备。缓降器由挂钩（或吊钩）、速度控制器、吊带及绳索组成。通常按照缓降器形式将其分为两类：一类是往复式缓降器，另一类是自救式缓降器。往复式缓降器的速度控制器是固定的，绳索可以上下往复。自救式缓降器的绳索是固定的，速度控制器随人从上而下，不能往复使用，下降速度必须由人操纵控制，控制方式可以由地面或高处的人员协助控制，也可以由下降者本人控制。

5. 救生软梯

救生软梯是一种用于营救火场被困人员撤离的移动式梯子，它由钩体和梯体两大部分组成。钩体选用钢材制作，梯体为软性体，梯带采用维纶带编织而成，镫是用特殊工艺处理的毛竹集成材料制作。钩体和梯体经缝合而成，铆合装配制成救生软梯。主梯长 15 米，宽 35 厘米，重量小于 15 千克，荷载 1 000 千克，最多可载 8 人，梯镫允许荷载 150 千克。使用救生软梯时，要把挂钩安放在窗台或阳台上，同时要把两只安全挂钩挂在附近牢固的物体上，而后将梯体向外垂放，形成一条垂直的救生通道，是宾楼层着火时逃生和营救人员的简易有效工具。当沿梯而下时，手与脚用力要保持适中，身体紧贴梯子，防止换手时软梯偏转或摇动，两手不准同时松开，以防脱手造成坠落伤亡。

6. 消防过滤式自救呼吸器

消防过滤式呼吸器由头罩和滤毒罐组成。头罩是由阻燃隔热材料制成，能在短时间内经受住 800 摄氏度的高温，头罩设有大眼窗，在逃生时佩戴者能清晰看清路线，而且具有一种通用尺寸，适合各种头型佩戴，由头带束紧固定。头罩的口鼻罩由橡胶制成，它具有特殊的形状和尺寸，适合各种脸型的密合框。滤毒罐在使用前完全密封，在火灾有烟雾的情况下，它能良好地防护毒烟和毒气，如氨、氯化氢、氢氰酸、氮氧化物、硫化氢和二氧化硫，尤其是对一氧化碳及烟雾中的悬浮粒子具有可靠的防护作用。在使用时，首先打开呼吸器盒盖取出面具，而后展开面具，拉开滤毒罐前后孔的两个橡胶塞，将面具戴到头上，对准口鼻罩拉紧头带固定，然后拉紧颈部带子防止进烟。佩戴正确后，平静地呼吸。离开火场后，及时脱去面具。使用时注意以下事项：

① 当发生火灾时，应立即佩戴逃生，若看到烟雾时再佩戴，有时可能来不及逃生；

② 佩戴时，火灾现场的空气中氧含量应大于 17%、一氧化碳含量应小于 1.5%，如一氧化碳含量大于 1.5%时，会因干热而不舒服，此时绝对不可脱下面具，以防中毒；

③ 滤毒罐从出厂之日起，有效期为 4 年。

滤毒罐为一次性使用品，打开罐的密封盖或使用后即应丢弃，不能重复使用。超过有效期的呼吸器，可以更换滤毒罐而延期使用。

三、疏散指示标志的识别

疏散指示标志的识别见图 2-1 所示。

图 2-1 疏散指示标志

四、疏散逃生相关设施的识别

疏散指示标志的识别见图 2-2 所示。

安全绳

缓降器

救生软梯

过滤式自救呼吸器

图 2-2　疏散逃生相关设施

第三章

消防法规基本常识

Xiaofang Fagui Jiben Changshi

第一节 消防工作的方针和原则

一、消防工作方针

《中华人民共和国消防法》（以下简称《消防法》）第一章第二条规定："消防工作贯彻预防为主，防消结合的方针"。这个方针科学、准确地表达了"防"和"消"的辩证关系，反映了人们同火灾作斗争的客观规律，也体现了我国消防工作的特色。

（一）"防"与"消"的关系

做好消防工作，必须认真执行消防工作方针，而执行好消防工作方针，又有赖于对该方针的准确理解，尤其对防火与灭火之间关系的准确理解。

"预防为主，防消结合"，就是要把同火灾作斗争的两个基本手段——预防和扑救有机地结合起来。无数事实证明，只要人们思想重视，采取有力措施，火灾多数是可以预防的。当然，由于人们认识水平的不同，客观条件的限制，以及各种偶发的因素，要完全避免火灾是不可能的，也是不现实的。所以人们要有两手准备，一方面要千方百计地防止火灾发生，另一方面要认真做好灭火准备。万一发生火灾，尽快地发现，尽快地消灭，最大限度地减少火灾损失。在我国广大农村，很早就流传"灶前清，水缸满"的谚语。灶前清，就是灶前清理干净可燃物，防止火灾的发生；水缸满，则是水缸经常装满水，做好灭火准备。这一谚语体现了"防消结合"的精神。

防火和灭火是一个问题的两个方面，是相辅相成、有机结合的整体。虽然，在实际工作中有防火与灭火的分工，有关部门的工作各有侧重，但是，它们又是相互结合的，"防"中有"消"，"消"中有"防"；"防"为"消"创造条件，"消"为"防"提供补充。"防"可以减少火灾的发生，避免火灾的危害，而"消"则可以减少已发生火灾所造成的损失和伤亡。就整体而言，只重视某一方面而忽视另一方面，或者把两者对立起来，都是不利于同火灾作斗争的。

（二）预防为主，防患于未然

消防工作方针，首先强调对火灾的预防。在防火方面，自古以来就有"防患于未然"的传统，《周易》中就有"水在火上既济"，"君子以思患而预防之"的论述。汉代史学家荀悦的《中鉴·杂言》中，也有"先其未然谓之防"的说法。唐代广州等地已推行以砖房代替茅屋和展宽街道以防延烧等措施。在明代宋应星的《天工开物》等科学著作中，提出了一些重要的防火安全技术措施。清代武汉三镇曾明确指出：“一切花爆，流星诸凡引火之的不时示禁，小心火烛，责成地保。此尤防患于未然也。”可见，“防患于未然”早被人们所共识，这一至理名言，反映了我国的消防传统。

火灾是一种常见的灾害，但实际上绝大多数火灾是人为造成的。因此，火灾并不是不可预防的，只要预防工作做好了，就能够减少火灾的发生，即使发生了火灾，也可以最大限度地降低火灾所造成的危害。从这些年发生的火灾原因来看，用火、用电不慎占火灾总数的70%以上。几乎各种火灾都与人的因素有关，且许多火灾是由于人的思想麻痹，放松警惕，缺乏防火意识所造成的。所以，贯彻执行消防工作方针，就应在“预防为主”上下工夫、花气力。

“预防为主”，一定要抓好宣传教育，使人们重视消防工作，一切宣传部门都有宣传防火的义务，各企事业单位，也要充分利用一切宣传工具，进行多种形式的防火教育。要向广大群众宣传消防工作方针、原则，认识火灾的危害性和做好防火工作的重要性。同时，还要向广大群众普及消防知识，提高防火和扑救初期火灾的能力。“预防为主”，必须确立一整套科学的规章制度，保证措施落实。例如，“逐级防火责任制”、“电气防火安全制度”、“明火管理制度”、“危险品管理制度”等，都要严格执行，认真落实，这是预防火灾所必需的。

“预防为主”，一定要有经常性的防火安全检查，以消除火灾隐患。一般来说，火灾的发生是有先兆的，如能及时发现，及时采取整改措施，就能有效地防止火灾的发生。例如，某家纺织厂车间配电板电线绝缘损坏了，配电板周围沉积了不少棉绒，这就是火灾隐患。有人早就提出更换电线，及时清除棉绒。可是，有关人员未引起重视，某一天，电线产生电火花，引燃了棉绒酿成一场大火。如果发现火灾隐患后能及时清除，就能把火灾事故消灭在萌芽状态。

（三）**防消结合，做好灭火准备**

消防工作方针，强调在做好火灾预防工作的同时，要做好各项灭火准备，及时扑灭发生的火灾。做好灭火准备，首先是要有思想准备。树立战备观念，打有准备之仗，一旦发生火灾做到心中有数，科学指挥灭火，快速扑灭火灾。其次是要有组织准备。这就是要建立健全一支训练有素，能召之即来，来之能战，战之能胜的消防队伍。再次是要有物资准备。一个城镇要规划建设消防站，消防给水、消防通讯、消防车道等公共消防设施，配备先进的消防技术装备。在重要的建筑物内，按照国家消防技术规范的规定，设计、安装相应的火灾自动报警、自动灭火、消火栓给水、防烟排烟、事故照明、消防电梯、人员疏散等消防设施。在建筑物内配置一定数量，相应品种的灭火器。“预防为主，防消结合”的消防工作方针，正确地反映了人们同火灾作斗争的客观规律，“防”和“消”是相辅相成、相互渗透、相互补充的一个不可分割的整体，是达到同一个目的的两种手段。只有全面地把握，正确地理解，认真贯彻执行这个方针，才能把消防工作做好。

二、消防工作的原则

《消防法》确立的消防工作的原则是：政府统一领导、部门依法监管、单位全面负责、公民积极参与。这一原则是消防工作实践经验的总结和客观规律的反映，也是对四个层面责任主体消防安全责任的概括体现。“政府”、“部门”、“单位”、“公民”四者都是消防工作的主体，任何一方都非常重要，不可偏废。

（一）政府统一领导

政府统一领导是做好消防工作的核心。《消防法》要求各级人民政府应当将消防工作纳入国民经济和社会发展计划，保障消防工作与经济社会发展相适应；将消防规划纳入城乡规划并组织实施；开展消防宣传教育和消防安全检查，督促或者组织整改重大火灾隐患；建立多种形式的消防组织，增强火灾预防、扑救和应急救援能力；建立应急反应和处置机制，落实人员、装备等保障；根据火灾扑救需要，组织支援灭火等。开展这些工作，是任何部门、任何单位及任何个人无法替代的，标志着政府在消防工作上起着核心领导作用。一个地方消防工作状况如何，取决于当地政府对消防工作的重视程度。重视程度如何不仅包括政府对公共消防设施、消防装备、救援器材等硬件投入，而且包括对日常消防工作的关心支持和组织领导等各个方面。

（二）部门依法监管

部门依法监管是做好消防工作的关键。《消防法》规定公安机关依法对消防工作实施监督管理，并由公安机关消防机构负责实施。标志着公安消防机构将发挥着职能部门作用。规划、建设、教育、人力资源、质监、工商等部门，要在各自的职责范围内，依照《消防法》和其他相关法律法规做好消防工作，标志着这些行政主管部门对各自系统、行业内的消防工作具有依法监督的职能。同时，公安消防机构要充分发挥职能作用，加强消防业务指导，督促和协调其他各部门依法监管，推动其他部门做好各自系统、行业的消防工作。

（三）单位全面负责

单位全面负责是做好消防工作的根本。《消防法》强调每个单位要对本单位的消防安全负责，单位的主要负责人是本单位的消防安全责任人；单位应当落实消防安全责任制，制定本单位的消防安全制度、消防安全操作规程，制定灭火和应急疏散预案并组织演练；按规定配置消防设施器材，并定期组织检验、维修，确保完好有效；组织防火检查，及时消除火灾隐患；发生火灾，及时报警和组织扑救等。从而，《消防法》明确了消防工作单位主体责任以及单位必须履行的职责和义务，纠正了单位以往消防工作过多依赖当地政府、上级主管部门和公安消防机构的现象。

（四）公民积极参与

公民积极参与是做好消防工作的基础。《消防法》规定任何人都有维护消防安全、保护消防设施，预防火灾，报告火警的义务；任何成年人都有参加有组织的灭火工作的义务；任何人不得损坏、挪用或者擅自拆除、停用消防设施器材，不得埋压、圈占、遮挡消火栓或者占用防火间距，不得占用、堵塞、封闭疏散通道、安全出口、消防车通道；任何人都有权对公安消防机构及其工作人员在执法中的违法、违纪行为进行检举、控告。实践证明，消防工作是一项群众基础很强的工作。俗话说，“基础不牢，地动山遥。”公安消防机构及其工作人员应通过上消防课、举办培训班、开展灭火和疏散逃生演练、消防安全知识竞赛、消防文艺节目演出等多种方式方法进行消防安全宣传教育，着力提高公民消防意识，增强群众参与消防工作的积极性和主动性，力求做到“人人防火，时时防火，处处防火”，并不断增强群众灭火和应急救援能力，只有这样，才能打牢消防工作的基础，把消防工作落到实处。

第二节　消防法规体系

一、消防法规的概念

消防法规体系主要分为消防行政法规和消防技术法规两大类。

消防行政法规是通过规定消防管理活动的组织原则、管理内容和要求、管理方法及程序等，调整各种社会主体在消防安全方面的权利和义务关系的法律规范性文件的总称。它包括消防法律、消防行政法规、消防地方性法规、消防行政规章。

二、消防法规的历史沿革

（一）消防法规的产生

据考证，人类用火最早的历史是我国元谋人和西候度人，距今大约 170 万～ 180 万年。人类学会用火，是跨入文明世界的一个重要标志。火既可以服从人们的意志，造福于人类；也会违反人们的意愿，造成很大的危害。古人说，火“善用之则为福，否之则为祸”。火失去控制则为灾，给人们的物质、精神带来灾难。所以，在人类社会的发展过程中，要保障生产、生活及人类自身的安全，就必须加强对火的控制，有效地同火灾作斗争，于是消防管理、消防法规就随着社会的需要应运而生。

传说，黄帝轩辕氏曾提出“节用水火材物”的主张，意思是说：对水源不能随意决口排泄，对山林草原不可任意放火烧荒，应当按时令有节制地进行。说明在黄帝统治时期，我国就有了用火管理的禁令了。

“消防”一词，是在我国清代光绪年间才出现的。中国历史上一般将同火灾作斗争称之为“火政”或“火禁”，防火与救火等。20世纪初，“消防”一词从日本引进我国，曾泛指消灭与预防火灾、水灾等灾害，后来约定俗成，“消防”一词才具有现在“火灾消防”的特定涵义。

（二）古代消防法规

我国历史上各个时期围绕“以法治火”，都制定了许多法规和法典。在“殷王法”中，有“弃灰于公道者断其手”的残酷的刑罚手段，即遗弃在道路上的灰烬复燃后酿成火灾的，要处以断手的刑罚。秦代商鞅变法时，有“弃灰于道者，黥”的刑罚。周朝不仅设立了“火官”，而且颁布了“火禁”（火禁是关于防火的法规），规定“二月，毋焚山林”，并告知庶民“城中失火有燃烧房屋之忧，野中烧荒有焚及山林之害”。西晋的《晋律》和南北朝的《大律》中，均有《水火篇》。汉代的“火禁”规定：“日夏至，禁举大火，止碳鼓铸，消石冶皆绝止。”《唐律》（永徽律）中关于用火管理的刑罚有失火、放火等条款，均列入《杂律篇》中，规定：“诸于山陵兆域内，失火者徒二年，延烧山林者流两千里；其在外失火而延烧者各减一等”，“诸于库藏及仓内，皆不得燃火，违者徒一年”，等等。为了预防火灾的发生，有些城市还规定了夜间禁止使用灯火的规定。如在禁时以后，发现谁家灯火不熄，就在门上留下标记，次日早晨传其户主至官府询问，若无特殊情况，则处罚之。明代的法律，在继承的基础上又进行了删削。《大明律》增加了对离守人员趁失火之机侵吞财物以监守自盗论处的条款，强调对放火犯要查实证据，以防出现诬陷和不实之词等。清代于乾隆五年（1740年）重新制定了《大清律例》关于火灾处罚的条款，与《大明律》基本相同。

（三）近代消防法规

清光绪三十三年（1908年）的《刑律草案》中有关消防条款，增加了对近代工业、化学危险物品、用电用气设备等失火、放火罪刑罚的新内容。

民国时期，国民党政府先后颁布的《中华民国刑法》和《违警罪法》，都有消防的条款，扩大了刑罚面，加重了罚金和有期徒刑。为了加强城镇防火管理，针对当时煤油、汽油、鞭炮、火柴生产和使用越来越多的情况，各地还制定了一些专业性防火法规，如《青岛市取缔煤油业规则》、《首都警察厅取缔制造花爆业规则》、《上海市公安局火柴营业取缔规则》等。

（四） 现代消防法规

1957年9月11日，由周恩来总理签署并公布的《国务院关于消防工作的指示》是我国消防工作的第一个纲领性文件。1957年11月29日，国务院颁布了经第一届全国人大常委会第86次会议批准的《消防监督条例》，可以说这是新中国第一部消防法规。1957年10月，全国人大常委会还批准颁布了《中华人民共和国治安管理处罚条例》并对违反消防管理的行为作了明确的处罚规定。1960年5月1日，中共中央发出了《关于加强防火指示》，同时在总结以往经验的基础上，国务院制定颁布了《关于城市消防管理工作的规定（试行）》、《关于加强农村消防工作建设的若干问题（试行草案）》、《关于进一步加强公安消防队伍建设的若干措施》及一系列具体的规章制度。从50年代至60年代期间的消防法规建设上看，党和国家已把消防工作十分重视的纳入国家、社会管理内容。从此，我国消防法规建设的步伐不断加快。1979年颁布的《中华人民共和国刑法》，对失火罪、放火罪以及重大责任事故等与消防有关的刑罚作出了规定。1997年新《刑法》颁布，除原有对消防的规定外，又增加了“消防责任事故罪”。

1998年4月29日，第九届全国人大第五次会议通过了《中华人民共和国消防法》，并于1998年9月1日起施行，可以说这是中国消防法制建设的一座里程碑，标志着中国消防法制在世纪之末的迫切的需要，为21世纪消防工作的发展奠定了强有力的法律基础。

三、消防法律

法律是全国人民代表大会及其常务委员会根据宪法或依职权制定的法律规范。法律有基本法律和一般法律之分。在我国，基本法律是由全国人民代表大会通过，一般法律是由全国人民代表大会常务委员会制定。法律的效力低于宪法，但高于行政法规、地方性法规和规章，是我国消防执法的主要依据。目前我国消防执法方面的相关法律主要有：①《中华人民共和国消防法》（1998年4月29日第九届全国人民代表大会常务委员会第二次会议通过，2008年10月28日第十一届全国人民代表大会常务委员会第五次会议修订，2009年5月1日起施行）。②《中华人民共和国刑法》（1997年3月14日第八届全国人大第五次会议修订，1997年10月1日起施行）。新《刑法》设立的消防监督管理有关的犯罪有：失火罪、非法携带危险物品危及公共安全罪、重大责任事故罪、危险物品肇事罪、消防责任事故罪、生产、销售不符合安全标准的产品罪等。③《中华人民共和国治安管理处罚法》（2005年8月28日第十届全国人民代表大会常务委员会第十七次会议通过，2006 年 3 月 1 日起施行）。该法对违反消防管理行为的处罚作了规定，是公安机关实施消防管理的重要法律依据。

四、消防法规

（一）消防行政法规

行政法规是指由国家最高国家行政机关——国务院根据宪法和法律制定或颁布的有关行政管理方面的专门性法律规范。作为消防执法依据，最典型的是国务院发布的《危险化学品安全管理条例》和《娱乐场所管理条例》。行政法规的效力等级低于宪法和法律，但高于地方性法规和规章。《娱乐场所管理条例》对娱乐场所的定义、消防管理作出了原则的规定。其中第 11 条关于“申请人取得娱乐场所经营许可证和有关消防、卫生、环境保护的批准文件后，方可到工商行政管理部门依法办理登记手续，领取营业执照”的规定，是对娱乐场所办理工商执照消防前置条件的硬性规定。

（二）消防地方性法规

地方性法规是指有立法权的地方人民代表大会及其常务委员会在不同宪法和法律相抵触的情况下，根据本地区的实际情况制定的法律规范。需要指出的是，并非地方各级人民代表大会及其常务委员会都可以制定地方性法规。根据《立法法》的规定，省、自治区、直辖市的人民代表大会及其常务委员会根据本行政区域的具体情况和实际需要，在不同宪法、法律、行政法规相抵触的前提下，可以制定地方法规；较大市的人民代表大会及其常务委员会根据本市的具体情况和实际需要，在不同宪法、法律、行政法规和本省、自治区的地方性法规相抵触的前提下，可以制定地方性法规，报省、自治区的人民代表大会常务委员会批准后施行。地方性法规的效力低于宪法、法律、行政法规，高于规章，并且只能在本行政区域内有效，如《重庆市消防条例》（1998 年 9 月 25 日重庆市第一届人民代表大会常务委员会第十一次会议通过，2001 年 7 月 20 日重庆市第一届人民代表大会常务委员会第三十四次会议修订，2010 年 5 月 14 日重庆市第三届人民代表大会常务委员会第十七次会议修订）。

五、消防行政规章

规章有部门规章和地方政府规章之分。

（一）部门规章

部门规章是指由国务院各部委、中国人民银行、审计署和具有行政管理职能的直属机构，根据法律和国务院的行政法规、决定、命令在本部门权限内制定的法律规范。部门规章如《机关、团体、企业、事业单位消防安全管理规定》（公安部令第 61 号）、

《建设工程消防监督管理规定》（公安部令第 106 号）、《消防监督检查规定》（公安部令第 107 号）、《火灾事故调查规定》（公安部令第 108 号）等。

（二）**地方政府规章**

地方政府规章是由省、自治区、直辖市人民政府和较大市的人民政府根据法律、行政法规和本省、自治区、直辖市的地方性法规，按照规定程序所制定的普遍适用于本地区行政管理的法律规范。规章的效力低于宪法、法律、行政法规和地方性法规。规章是有关行政管理的专门性法律规范，它在消防执法依据中占了大部分。地方政府规章如《重庆市消防设施管理规定》（渝府令第 140 号）、《重庆市消防安全责任制实施办法》（渝府令第 178 号）、《重庆市高层建筑消防安全管理规定》（渝府令第 229 号）等。

六、消防技术标准

消防技术标准是我国各部委或各地方部门根据《中华人民共和国标准化法》的有关法定程序单独或联合制定颁发的，在消防领域中需要协调统一的技术事项的标准。

该标准按其适用范围可分为国家标准、行业标准、地方标准和企业标准。国家标准由国务院标准化行政主管部门制定，是在全国范围内统一的技术要求。比如，《建筑设计防火规范》。

行业标准由国务院有关行政主管部门制定，并报国务院标准化行政主管部门备案，是对没有国家标准而又需要在全国某个行业范围内统一的技术要求。比如，《建设工程消防验收评定规则》。

地方标准由省、自治区、直辖市标准化行政主管部门制定，并报国务院标准化行政主管部门和国务院有关行政主管部门备案，是对没有国家标准和行业标准而又需要在省、自治区、直辖市范围内统一的技术要求。比如，《重庆市坡地高层民用建筑设计防火规范》。

企业生产的产品没有国家标准和行业标准的应当制定企业标准，作为组织生产的依据。企业的产品标准须报当地政府标准化行政主管部门和有关行政主管部门备案。

在《中华人民共和国标准化法》中规定，国家标准、行业标准分为强制性标准和推荐性标准两种。凡属保障人体健康，人身、财产安全的标准，以及法律、行政法规规定强制执行的标准，都是强制性标准；其他标准是推荐性标准。按照上述条文，消防技术标准属必须执行的强制性标准。

第三节 消防行政处罚

一、消防行政处罚的概念

消防行政处罚，是指公安消防部门对违反消防行政管理法律、法规的行政管理相对人给予制裁的具体行政行为。

消防行政处罚具有以下特征：

① 消防行政处罚是由公安消防部门或根据需要委托其他机关实施的具体行政行为；

② 消防行政处罚是对消防行政管理相对人的处罚；

③ 消防行政处罚针对的是行政管理相对人违反消防行政管理法律、法规的违法行为；

④ 消防行政处罚以惩戒违法为目的，其惩戒性体现在对违法的行政管理相对人权益的限制、剥夺或体现在对其科以新的义务。

二、消防行政处罚的种类

根据《中华人民共和国消防法》的规定，消防行政处罚主要有以下几种：

① 警告；

② 罚款；

③ 责令停产停业、停止施工或者停止使用；

④ 没收非法产品和违法所得；

⑤ 行政拘留。

三、常见消防违法行为的处罚

（一）工程建设方面违法行为

1.《消防法》第五十八条

《消防法》第五十八条　违反本法规定，有下列行为之一的，责令停止施工、停止使用或者停产停业，并处三万元以上三十万元以下罚款：

① 依法应当经公安机关消防机构进行消防设计审核的建设工程，未经依法审核或

者审核不合格，擅自施工的；

② 消防设计经公安机关消防机构依法抽查不合格，不停止施工的；

③ 依法应当进行消防验收的建设工程，未经消防验收或者消防验收不合格，擅自投入使用的；

④ 建设工程投入使用后经公安机关消防机构依法抽查不合格，不停止使用的；

⑤ 公众聚集场所未经消防安全检查或者经检查不符合消防安全要求，擅自投入使用、营业的。

建设单位未依照本法规定将消防设计文件报公安机关消防机构备案，或者在竣工后未依照本法规定报公安机关消防机构备案的，责令限期改正，处五千元以下罚款。

2.《消防法》第五十九条

《消防法》 第五十九条　违反本法规定，有下列行为之一的，责令改正或者停止施工，并处一万元以上十万元以下罚款：

① 建设单位要求建筑设计单位或者建筑施工企业降低消防技术标准设计、施工的；

② 建筑设计单位不按照消防技术标准强制性要求进行消防设计的；

③ 建筑施工企业不按照消防设计文件和消防技术标准施工，降低消防施工质量的；

④ 工程监理单位与建设单位或者建筑施工企业串通，弄虚作假，降低消防施工质量的。

（二）消防管理方面违法行为

1.《消防法》第六十条

《消防法》第六十条　单位违反本法规定，有下列行为之一的，责令改正，处五千元以上五万元以下罚款：

① 消防设施、器材或者消防安全标志的配置、设置不符合国家标准、行业标准，或者未保持完好有效的；

② 损坏、挪用或者擅自拆除、停用消防设施、器材的；

③ 占用、堵塞、封闭疏散通道、安全出口或者有其他妨碍安全疏散行为的；

④ 埋压、圈占、遮挡消火栓或者占用防火间距的；

⑤ 占用、堵塞、封闭消防车通道，妨碍消防车通行的；

⑥ 人员密集场所在门窗上设置影响逃生和灭火救援的障碍物的；

⑦ 对火灾隐患经公安机关消防机构通知后不及时采取措施消除的。

个人有前款第二项、第三项、第四项、第五项行为之一的，处警告或者五百元以下罚款。

有本条第一款第三项、第四项、第五项、第六项行为，经责令改正拒不改正的，强制执行，所需费用由违法行为人承担。

2.《消防法》第六十一条

《消防法》第六十一条 生产、储存、经营易燃易爆危险品的场所与居住场所设置在同一建筑物内，或者未与居住场所保持安全距离的，责令停产停业，并处五千元以上五万元以下罚款。

生产、储存、经营其他物品的场所与居住场所设置在同一建筑物内，不符合消防技术标准的，依照前款规定处罚。

3.《消防法》第六十二条

《消防法》第六十二条 有下列行为之一的，依照《中华人民共和国治安管理处罚法》的规定处罚：

① 违反有关消防技术标准和管理规定生产、储存、运输、销售、使用、销毁易燃易爆危险品的；

② 非法携带易燃易爆危险品进入公共场所或者乘坐公共交通工具的；

③ 谎报火警的；

④ 阻碍消防车、消防艇执行任务的；

⑤ 阻碍公安机关消防机构的工作人员依法执行职务的。

4.《消防法》第六十三条

《消防法》第六十三条 违反本法规定，有下列行为之一的，处警告或者五百元以下罚款；情节严重的，处五日以下拘留：

① 违反消防安全规定进入生产、储存易燃易爆危险品场所的；

② 违反规定使用明火作业或者在具有火灾、爆炸危险的场所吸烟、使用明火的。

5.《消防法》第六十四条

《消防法》第六十四条 违反本法规定，有下列行为之一，尚不构成犯罪的，处十日以上十五日以下拘留，可以并处五百元以下罚款；情节较轻的，处警告或者五百元以下罚款：

① 指使或者强令他人违反消防安全规定，冒险作业的；

② 过失引起火灾的；

③ 在火灾发生后阻拦报警，或者负有报告职责的人员不及时报警的；

④ 扰乱火灾现场秩序，或者拒不执行火灾现场指挥员指挥，影响灭火救援的；

⑤ 故意破坏或者伪造火灾现场的；

⑥ 擅自拆封或者使用被公安机关消防机构查封的场所、部位的。

（三）消防产品方面违法行为

1.《消防法》第六十五条

《消防法》第六十五条　违反本法规定，生产、销售不合格的消防产品或者国家明令淘汰的消防产品的，由产品质量监督部门或者工商行政管理部门依照《中华人民共和国产品质量法》的规定从重处罚。

人员密集场所使用不合格的消防产品或者国家明令淘汰的消防产品的，责令限期改正；逾期不改正的，处五千元以上五万元以下罚款，并对其直接负责的主管人员和其他直接责任人员处五百元以上二千元以下罚款；情节严重的，责令停产停业。

公安机关消防机构对于本条第二款规定的情形，除依法对使用者予以处罚外，应当将发现不合格的消防产品和国家明令淘汰的消防产品的情况通报产品质量监督部门、工商行政管理部门。产品质量监督部门、工商行政管理部门应当对生产者、销售者依法及时查处。

2.《消防法》第六十六条

《消防法》第六十六条　电器产品、燃气用具的安装、使用及其线路、管路的设计、敷设、维护保养、检测不符合消防技术标准和管理规定的，责令限期改正；逾期不改正的，责令停止使用，可以并处一千元以上五千元以下罚款。

第四节　消防相关法律法规对各类人员的职责要求

一、政府及其职能部门消防工作负责人

（一）《消防法》

第三条　国务院领导全国的消防工作。地方各级人民政府负责本行政区域内的消防工作。

各级人民政府应当将消防工作纳入国民经济和社会发展计划，保障消防工作与经济社会发展相适应。

第四条　国务院公安部门对全国的消防工作实施监督管理。县级以上地方人民政府公安机关对本行政区域内的消防工作实施监督管理，并由本级人民政府公安机关消防机构负责实施。军事设施的消防工作，由其主管单位监督管理，公安机关消防机构

协助；矿井地下部分、核电厂、海上石油天然气设施的消防工作，由其主管单位监督管理。

县级以上人民政府其他有关部门在各自的职责范围内，依照本法和其他相关法律、法规的规定做好消防工作。

法律、行政法规对森林、草原的消防工作另有规定的，从其规定。

第六条　各级人民政府应当组织开展经常性的消防宣传教育，提高公民的消防安全意识。

机关、团体、企业、事业等单位，应当加强对本单位人员的消防宣传教育。公安机关及其消防机构应当加强消防法律、法规的宣传，并督促、指导、协助有关单位做好消防宣传教育工作。

教育、人力资源行政主管部门和学校、有关职业培训机构应当将消防知识纳入教育、教学、培训的内容。

新闻、广播、电视等有关单位，应当有针对性地面向社会进行消防宣传教育。工会、共产主义青年团、妇女联合会等团体应当结合各自工作对象的特点，组织开展消防宣传教育。

村民委员会、居民委员会应当协助人民政府以及公安机关等部门，加强消防宣传教育。

第七条　国家鼓励、支持消防科学研究和技术创新，推广使用先进的消防和应急救援技术、设备；鼓励、支持社会力量开展消防公益活动。

对在消防工作中有突出贡献的单位和个人，应当按照国家有关规定给予表彰和奖励。

第八条　地方各级人民政府应当将包括消防安全布局、消防站、消防供水、消防通信、消防车通道、消防装备等内容的消防规划纳入城乡规划，并负责组织实施。

城乡消防安全布局不符合消防安全要求的，应当调整、完善；公共消防设施、消防装备不足或者不适应实际需要的，应当增建、改建、配置或者进行技术改造。

第十七条　县级以上地方人民政府公安机关消防机构应当将发生火灾可能性较大以及发生火灾可能造成重大的人身伤亡或者财产损失的单位，确定为本行政区域内的消防安全重点单位，并由公安机关报本级人民政府备案。

第二十五条　产品质量监督部门、工商行政管理部门、公安机关消防机构应当按照各自职责加强对消防产品质量的监督检查。

第三十条　地方各级人民政府应当加强对农村消防工作的领导，采取措施加强公共消防设施建设，组织建立和督促落实消防安全责任制。

第三十一条　在农业收获季节、森林和草原防火期间、重大节假日期间以及火灾多发季节，地方各级人民政府应当组织开展有针对性的消防宣传教育，采取防火措施，进行消防安全检查。

第三十二条　乡镇人民政府、城市街道办事处应当指导、支持和帮助村民委员会、居民委员会开展群众性的消防工作。村民委员会、居民委员会应当确定消防安全管理人，组织制定防火安全公约，进行防火安全检查。

第三十五条　各级人民政府应当加强消防组织建设，根据经济和社会发展的需要，建立多种形式的消防组织，加强消防技术人才培养，增强火灾预防、扑救和应急救援的能力。

第三十六条　县级以上地方人民政府应当按照国家规定建立公安消防队、专职消防队，并按照国家标准配备消防装备，承担火灾扑救工作。

乡镇人民政府应当根据当地经济发展和消防工作的需要，建立专职消防队、志愿消防队，承担火灾扑救工作。

第四十一条　机关、团体、企业、事业等单位以及村民委员会、居民委员会根据需要，建立志愿消防队等多种形式的消防组织，开展群众性自防自救工作。

第四十三条　县级以上地方人民政府应当组织有关部门针对本行政区域内的火灾特点制定应急预案，建立应急反应和处置机制，为火灾扑救和应急救援工作提供人员、装备等保障。

第五十二条　地方各级人民政府应当落实消防工作责任制，对本级人民政府有关部门履行消防安全职责的情况进行监督检查。

县级以上地方人民政府有关部门应当根据本系统的特点，有针对性地开展消防安全检查，及时督促整改火灾隐患。

第七十条　本法规定的行政处罚，除本法另有规定的外，由公安机关消防机构决定；其中拘留处罚由县级以上公安机关依照《中华人民共和国治安管理处罚法》的有关规定决定。

公安机关消防机构需要传唤消防安全违法行为人的，依照《中华人民共和国治安管理处罚法》的有关规定执行。

被责令停止施工、停止使用、停产停业的，应当在整改后向公安机关消防机构报告，经公安机关消防机构检查合格，方可恢复施工、使用、生产、经营。

当事人逾期不执行停产停业、停止使用、停止施工决定的，由作出决定的公安机关消防机构强制执行。

责令停产停业，对经济和社会生活影响较大的，由公安机关消防机构提出意见，并由公安机关报请本级人民政府依法决定。本级人民政府组织公安机关等部门实施。

（二）《国务院关于特大安全事故行政责任追究的规定》

第二条 地方人民政府主要领导人和政府有关部门正职负责人对下列特大安全事故的防范、发生，依照法律、行政法规和本规定的规定有失职、渎职情形或者负有领导责任的，依照本规定给予行政处分；构成玩忽职守罪或者其他罪的，依法追究刑事责任：

① 特大火灾事故；

② 特大交通安全事故；

③ 特大建筑质量安全事故；

④ 民用爆炸物品和化学危险品特大安全事故；

⑤ 煤矿和其他矿山特大安全事故；

⑥ 锅炉、压力容器、压力管道和特种设备特大安全事故；

⑦ 其他特大安全事故。

地方人民政府和政府有关部门对特大安全事故的防范、发生直接负责的主管人员和其他直接责任人员，比照本规定给予行政处分；构成玩忽职守罪或者其他罪的，依法追究刑事责任。

特大安全事故肇事单位和个人的刑事处罚、行政处罚和民事责任，依照有关法律、法规和规章的规定执行。

第五条 地方各级人民政府应当每个季度至少召开一次防范特大安全事故工作会议，由政府主要领导人或者政府主要领导人委托政府分管领导人召集有关部门正职负责人参加，分析、布置、督促、检查本地区防范特大安全事故的工作。会议应当作出决定并形成纪要，会议确定的各项防范措施必须严格实施。

第六条 市（地、州）、县（市、区）人民政府应当组织有关部门按照职责分工对本地区容易发生特大安全事故的单位、设施和场所安全事故的防范明确责任、采取措施，并组织有关部门对上述单位、设施和场所进行严格检查。

第七条 市（地、州）、县（市、区）人民政府必须制定本地区特大安全事故应急处理预案。本地区特大安全事故应急处理预案经政府主要领导人签署后，报上一级人民政府备案。

第八条 市（地、州）、县（市、区）人民政府应当组织有关部门对本规定第二条所列各类特大安全事故的隐患进行查处；发现特大安全事故隐患的，责令立即排除；特大安全事故隐患排除前或者排除过程中，无法保证安全的，责令暂时停产、停业或者停止使用。法律、行政法规对查处机关另有规定的，依照其规定。

第九条　市（地、州）、县（市、区）人民政府及其有关部门对本地区存在的特大安全事故隐患，超出其管辖或者职责范围的，应当立即向有管辖权或者负有职责的上级人民政府或者政府有关部门报告；情况紧急的，可以立即采取包括责令暂时停产、停业在内的紧急措施，同时报告；有关上级人民政府或者政府有关部门接到报告后，应当立即组织查处。

第十一条　依法对涉及安全生产事项负责行政审批（包括批准、核准、许可、注册、认证、颁发证照、竣工验收等，下同）的政府部门或者机构，必须严格依照法律、法规和规章规定的安全条件和程序进行审查；不符合法律、法规和规章规定的安全条件的，不得批准；不符合法律、法规和规章规定的安全条件，弄虚作假，骗取批准或者勾结串通行政审批工作人员取得批准的，负责行政审批的政府部门或者机构除必须立即撤销原批准外，应当对弄虚作假骗取批准或者勾结串通行政审批工作人员的当事人依法给予行政处罚；构成行贿罪或者其他罪的，依法追究刑事责任。

负责行政审批的政府部门或者机构违反前款规定，对不符合法律、法规和规章规定的安全条件予以批准的，对部门或者机构的正职负责人，根据情节轻重，给予降级、撤职直至开除公职的行政处分；与当事人勾结串通的，应当开除公职；构成受贿罪、玩忽职守罪或者其他罪的，依法追究刑事责任。

第十二条　对依照本规定第十一条第一款的规定取得批准的单位和个人，负责行政审批的政府部门或者机构必须对其实施严格监督检查；发现其不再具备安全条件的，必须立即撤销原批准。

负责行政审批的政府部门或者机构违反前款规定，不对取得批准的单位和个人实施严格监督检查，或者发现其不再具备安全条件而不立即撤销原批准的，对部门或者机构的正职负责人，根据情节轻重，给予降级或者撤职的行政处分；构成受贿罪、玩忽职守罪或者其他罪的，依法追究刑事责任。

第十三条　对未依法取得批准，擅自从事有关活动的，负责行政审批的政府部门或者机构发现或者接到举报后，应当立即予以查封、取缔，并依法给予行政处罚；属于经营单位的，由工商行政管理部门依法相应吊销营业执照。

负责行政审批的政府部门或者机构违反前款规定，对发现或者举报的未依法取得批准而擅自从事有关活动的，不予查封、取缔、不依法给予行政处罚，工商行政管理部门不予吊销营业执照的，对部门或者机构的正职负责人，根据情节轻重，给予降级或者撤职的行政处分；构成受贿罪、玩忽职守罪或者其他罪的，依法追究刑事责任。

第十四条　市（地、州）、县（市、区）人民政府依照本规定应当履行职责而未履行，或者未按照规定的职责和程序履行，本地区发生特大安全事故的，对政府主要领导人，根据情节轻重，给予降级或者撤职的行政处分；构成玩忽职守罪的，依法追究刑事责任。

负责行政审批的政府部门或者机构、负责安全监督管理的政府有关部门，未依照本规定履行职责，发生特大安全事故的，对部门或者机构的正职负责人，根据情节轻重，给予撤职或者开除公职的行政处分；构成玩忽职守罪或者其他罪的，依法追究刑事责任。

第十五条　发生特大安全事故，社会影响特别恶劣或者性质特别严重的，由国务院对负有领导责任的省长、自治区主席、直辖市市长和国务院有关部门正职负责人给予行政处分。

第十六条　特大安全事故发生后，有关县（市、区）、市（地、州）和省、自治区、直辖市人民政府及政府有关部门应当按照国家规定的程序和时限立即上报，不得隐瞒不报、谎报或者拖延报告，并应当配合、协助事故调查，不得以任何方式阻碍、干涉事故调查。

特大安全事故发生后，有关地方人民政府及政府有关部门违反前款规定的，对政府主要领导人和政府部门正职负责人给予降级的行政处分。

第十七条　特大安全事故发生后，有关地方人民政府应当迅速组织救助，有关部门应当服从指挥、调度，参加或者配合救助，将事故损失降到最低限度。

第十八条　特大安全事故发生后，省、自治区、直辖市人民政府应当按照国家有关规定迅速、如实发布事故消息。

第十九条　特大安全事故发生后，按照国家有关规定组织调查组对事故进行调查。事故调查工作应当自事故发生之日起60日内完成，并由调查组提出调查报告；遇有特殊情况的，经调查组提出并报国家安全生产监督管理机构批准后，可以适当延长时间。调查报告应当包括依照本规定对有关责任人员追究行政责任或者其他法律责任的意见。

省、自治区、直辖市人民政府应当自调查报告提交之日起30日内，对有关责任人员作出处理决定；必要时，国务院可以对特大安全事故的有关责任人员作出处理决定。

第二十条　地方人民政府或者政府部门阻挠、干涉对特大安全事故有关责任人员追究行政责任的，对该地方人民政府主要领导人或者政府部门正职负责人，根据情节轻重，给予降级或者撤职的行政处分。

二、社区居民委员会、农村村民委员会消防工作负责人

在《消防法》中对社区居民委员会、农村村民委员消防工作负责人的职责要求有：

第六条第七款　村民委员会、居民委员会应当协助人民政府以及公安机关等部门，加强消防宣传教育。

第三十二条　乡镇人民政府、城市街道办事处应当指导、支持和帮助村民委员会、

居民委员会开展群众性的消防工作。村民委员会、居民委员会应当确定消防安全管理人，组织制定防火安全公约，进行防火安全检查。

第四十一条　机关、团体、企业、事业等单位以及村民委员会、居民委员会根据需要，建立志愿消防队等多种形式的消防组织，开展群众性自防自救工作。

三、社会单位消防安全责任人、管理人、专职管理人员

（一）《消防法》

第十六条　机关、团体、企业、事业等单位应当履行下列消防安全职责：

① 落实消防安全责任制，制定本单位的消防安全制度、消防安全操作规程，制定灭火和应急疏散预案；

② 按照国家标准、行业标准配置消防设施、器材，设置消防安全标志，并定期组织检验、维修，确保完好有效；

③ 对建筑消防设施每年至少进行一次全面检测，确保完好有效，检测记录应当完整准确，存档备查；

④ 保障疏散通道、安全出口、消防车通道畅通，保证防火防烟分区、防火间距符合消防技术标准；

⑤ 组织防火检查，及时消除火灾隐患；

⑥ 组织进行有针对性的消防演练；

⑦ 法律、法规规定的其他消防安全职责。

单位的主要负责人是本单位的消防安全责任人。

第十七条　县级以上地方人民政府公安机关消防机构应当将发生火灾可能性较大以及发生火灾可能造成重大的人身伤亡或者财产损失的单位，确定为本行政区域内的消防安全重点单位，并由公安机关报本级人民政府备案。

消防安全重点单位除应当履行本法第十六条规定的职责外，还应当履行下列消防安全职责：

① 确定消防安全管理人，组织实施本单位的消防安全管理工作；

② 建立消防档案，确定消防安全重点部位，设置防火标志，实行严格管理；

③ 实行每日防火巡查，并建立巡查记录；

④ 对职工进行岗前消防安全培训，定期组织消防安全培训和消防演练。

第十八条　同一建筑物由两个以上单位管理或者使用的，应当明确各方的消防安全责任，并确定责任人对共用的疏散通道、安全出口、建筑消防设施和消防车通道进行统一管理。

住宅区的物业服务企业应当对管理区域内的共用消防设施进行维护管理，提供消防安全防范服务。

第十九条 生产、储存、经营易燃易爆危险品的场所不得与居住场所设置在同一建筑物内，并应当与居住场所保持安全距离。

生产、储存、经营其他物品的场所与居住场所设置在同一建筑物内的，应当符合国家工程建设消防技术标准。

第三十九条 下列单位应当建立单位专职消防队，承担本单位的火灾扑救工作：

① 大型核设施单位、大型发电厂、民用机场、主要港口；

② 生产、储存易燃易爆危险品的大型企业；

③ 储备可燃的重要物资的大型仓库、基地；

④ 第一项、第二项、第三项规定以外的火灾危险性较大、距离公安消防队较远的其他大型企业；

⑤ 距离公安消防队较远、被列为全国重点文物保护单位的古建筑群的管理单位。

第四十四条 任何人发现火灾都应当立即报警。任何单位、个人都应当无偿为报警提供便利，不得阻拦报警。严禁谎报火警。

人员密集场所发生火灾，该场所的现场工作人员应当立即组织、引导在场人员疏散。

任何单位发生火灾，必须立即组织力量扑救。邻近单位应当给予支援。

消防队接到火警，必须立即赶赴火灾现场，救助遇险人员，排除险情，扑灭火灾。

第六十八条 人员密集场所发生火灾，该场所的现场工作人员不履行组织、引导在场人员疏散的义务，情节严重，尚不构成犯罪的，处五日以上十日以下拘留。

（二）《机关、团体、企业、事业单位消防安全管理规定》

第六条 单位的消防安全责任人应当履行下列消防安全职责：

① 贯彻执行消防法规，保障单位消防安全符合规定，掌握本单位的消防安全情况；

② 将消防工作与本单位的生产、科研、经营、管理等活动统筹安排，批准实施年度消防工作计划；

③ 为本单位的消防安全提供必要的经费和组织保障；

④ 确定逐级消防安全责任，批准实施消防安全制度和保障消防安全的操作规程；

⑤ 组织防火检查，督促落实火灾隐患整改，及时处理涉及消防安全的重大问题；

⑥ 根据消防法规的规定建立专职消防队、义务消防队；

⑦ 组织制定符合本单位实际的灭火和应急疏散预案，并实施演练。

第七条 单位可以根据需要确定本单位的消防安全管理人。消防安全管理人对单位的消防安全责任人负责，实施和组织落实下列消防安全管理工作：

① 拟订年度消防工作计划，组织实施日常消防安全管理工作；

② 组织制订消防安全缺席和保障消防安全的操作规程并检查督促其落实；

③ 拟订消防安全工作的资金投入和组织保障方案；

④ 组织实施防火检查和火灾隐患整改工作；

⑤ 组织实施对本单位消防设施、灭火器材和消防安全标志维护保养，确保其完好有效，确保疏散通道和安全出口畅通；

⑥ 组织管理专职消防队和义务消防队；

⑦ 组织开展对员工进行消防知识、技能的宣传教育和培训，组织灭火和应急疏散预案的实施和演练；

⑧ 单位消防安全责任人委托的其他消防安全管理工作。

消防安全管理人应当定期向消防安全责任人报告消防安全情况，及时报告涉及消防安全的重大问题。未确定消防安全管理人的单位，前款规定的消防安全管理工作由单位消防安全责任人负责实施。

第八条　实行承包、租赁或者委托经营、管理时，产权单位应当提供符合消防安全要求的建筑物，当事人在订立的合同中依照有关规定明确各方的消防安全责任；消防车通道、涉及公共消防安全的疏散设施和其他建筑消防设施应当由产权单位或者委托管理的单位统一管理。

承包、承租或者受委托经营、管理的单位应当遵守本规定，在其使用、管理范围内履行消防安全职责。

第九条　对于有两个以上产权单位和使用单位的建筑物，各产权单位、使用单位对消防车通道、涉及公共消防安全的疏散设施和其他建筑消防设施应当明确管理责任，可以委托统一管理。

第十条　居民住宅区的物业管理单位应当在管理范围内履行下列消防安全职责：

① 制定消防安全制度，落实消防安全责任，开展消防安全宣传教育；

② 开展防火检查，消除火灾隐患；

③ 保障疏散通道、安全出口、消防车通道畅通；

④ 保障公共消防设施、器材以及消防安全标志完好有效。

其他物业管理单位应当对受委托管理范围内的公共消防安全管理工作负责。

第十五条　消防安全重点单位应当设置或者确定消防工作的归口管理职能部门，并确定专职或者兼职的消防管理人员；其他单位应当确定专职或者兼职消防管理人员，可以确定消防工作的归口管理职能部门。归口管理职能部门和专兼职消防管理人员在消防安全责任人或者消防安全管理人的领导下开展消防安全管理工作。

第十六条 公众聚集场所应当在具备下列消防安全条件后，向当地公安消防机构申报进行消防安全检查，经检查合格后方可开业使用：

① 依法办理建筑工程消防设计审核手续，并经消防验收合格；

② 建立健全消防安全组织，消防安全责任明确；

③ 建立消防安全管理制度和保障消防完全的操作规程；

④ 员工经过消防安全培训；

⑤ 建筑消防设施齐全、完好有效；

⑥ 制定灭火和应急疏散预案。

第十八条 单位应当按照国家有关规定，结合本单位的特点，建立健全各项消防安全制度和保障消防安全的操作规程，并公布执行。

单位消防安全制度主要包括以下内容：消防安全教育、培训；防火巡查、检查；安全疏散设施管理；消防（控制室）值班；消防设施、器材维护管理；火灾隐患整改；用火、用电安全管理；易燃易爆危险物品和场所防火防爆；专职和义务消防队的组织管理；灭火和应急疏散预案演练；燃气和电气设备的检查和管理（包括防雷、防静电）；消防安全工作考评和奖惩；其他必要的消防安全内容。

第十九条 单位应当将容易发生火灾、一旦发生火灾可能严重危及人身和财产安全以及对消防安全有重大影响的部位，确定为消防安全重点部位，设置明显的防火标志，实行严格管理。

第二十条 单位应当对动用明火实行严格的消防安全管理。禁止在具有火灾、爆炸危险的场所使用明火；因特殊情况需要进行电、气焊等明火作业的，动火部门和人员应当按照单位的用火管理制度办理审批手续，落实现场监护人，在确认无火灾、爆炸危险后方可动火施工。动火施工人员应当遵守消防安全规定，并落实相应的消防安全措施。

公众聚集场所或者两个以上单位共同使用的建筑物局部施工需要使用明火时，施工单位和使用单位应当共同采取措施，将施工区和使用区进行防火分隔，清除动火区域的易燃、可燃物，配置消防器材，专人监护，保证施工及使用范围的消防安全。

公共娱乐场所在营业期间禁止动火施工。

第二十一条 单位应当保障疏散通道、安全出口畅通，并设置符合国家规定的消防安全疏散指示标志和应急照明设施，保持防火门、防火卷帘、消防安全疏散指示标志、应急照明、机械排烟送风、火灾事故广播等设施处于正常状态。

严禁下列行为：

① 占用疏散通道；

② 在安全出口或者疏散通道上安装栅栏等影响疏散的障碍物；

③ 在营业、生产、教学、工作等期间将安全出口上锁、遮挡或者将消防安全疏散指示标志遮挡、覆盖；

④ 其他影响安全疏散的行为。

第二十二条　单位应当遵守国家有关规定，对易燃易爆危险物品的生产、使用、储存、销售、运输或者销毁实行严格的消防安全管理。

第二十三条　单位应当根据消防法规的有关规定，建立专职消防队、义务消防队，配备相应的消防装备、器材，并组织开展消防业务学习和灭火技能训练，提高预防和扑救火灾的能力。

第二十四条　单位发生火灾时，应当立即实施灭火和应急疏散预案，务必做到及时报警，迅速扑救火灾，及时疏散人员，邻近单位应当给予支持。任何单位、人员都应当无偿为报火警提供便利，不得阻拦报警。

单位应当为公安消防机构抢救人员、扑救火灾提供便利和条件。

火灾扑灭后，起火单位应当保护现场，接受事故调查，如实提供火灾事故的情况，协助公安消防机构调查火灾原因，核定火灾损失，查明火灾事故责任。未经公安消防机构同意，不得擅自清理火灾现场。

第二十五条　消防安全重点单位应当进行每日防火巡查，并确定巡查的人员、内容、部位和频次。其他单位可以根据需要组织防火巡查。巡查的内容应当包括：

① 用火、用电有无违章情况；

② 安全出口、疏散通道是否畅通，安全疏散指示标志、应急照明是否完好；

③ 消防设施、器材和消防安全标志是否在位、完整；

④ 常闭式防火门是否处于关闭状态，防火卷帘下是否堆放物品影响使用；

⑤ 消防安全重点部位的人员在岗情况；

⑥ 其他消防安全情况。

公众聚集场所在营业期间的防火巡查应当至少每二小时一次；营业结束时应当对营业现场进行检查，消除遗留火种。医院、养老院、寄宿制学校、托儿所、幼儿园应当加强夜间防火巡查，其他消防安全重点单位可以结合实际组织夜间防火巡查。

防火巡查人员应当及时纠正违章行为，妥善处置火灾危险，无法当场处置的，应当立即报告。发现初起火灾应当立即报警并及时扑救。

防火巡查应当填写巡查记录，巡查人员及其主管人员应当在巡查记录上签名。

第二十六条　机关、团体、事业单位应当至少每季度进行一次防火检查，其他单位应当至少每月进行一次防火检查。检查的内容应当包括：

① 火灾隐患的整改情况以及防范措施的落实情况；

② 安全疏散通道、疏散指示标志、应急照明和安全出口情况；

③ 消防车通道、消防水源情况；

④ 灭火器材配置及有效情况；

⑤ 用火、用电有无违章情况；

⑥ 重点工种人员以及其他员工消防知识的掌握情况；

⑦ 消防安全重点部位的管理情况；

⑧ 易燃易爆危险物品和场所防火防爆措施的落实情况以及其他重要物资的防火安全情况；

⑨ 消防（控制室）值班情况和设施运行、记录情况；

⑩ 防火巡查情况；

⑪ 消防安全标志的设置情况和完好、有效情况；

⑫ 其他需要检查的内容。

防火检查应当填写检查记录。检查人员和被检查部门负责人应当在检查记录上签名。

第二十七条 单位应当按照建筑消防设施检查维修保养有关规定的要求，对建筑消防设施的完好有效情况进行检查和维修保养。

第二十八条 设有自动消防设施的单位，应当按照有关规定定期对其自动消防设施进行全面检查测试，并出具检测报告，存档备查。

第二十九条 单位应当按照有关规定定期对灭火器进行维护保养和维修检查。对灭火器应当建立档案资料，说明配置类型、数量、设置位置、检查维修单位（人员）、更换药剂的时间等有关情况。

第三十条 单位对存在的火灾隐患，应当及时予以消除。

第三十一条 对下列违反消防安全规定的行为，单位应当责成有关人员当场改正并督促落实：

① 违章进入生产、储存易燃易爆危险物品场所的；

② 违章使用明火作业或者在具有火灾、爆炸危险的场所吸烟、使用明火等违反禁令的；

③ 将安全出口上锁、遮挡，或者占用、堆放物品影响疏散通道畅通的；

④ 消火栓、灭火器材被遮挡影响使用或者被挪作他用的；

⑤ 常闭式防火门处于开启状态，防火卷帘下堆放物品影响使用的；

⑥ 消防设施管理、值班人员和防火巡查人员脱岗的；

⑦ 违章关闭消防设施、切断消防电源的；

⑧ 其他可以当场改正的行为。

违反前款规定的情况以及改正情况应当有记录并存档备查。

第三十二条　对不能当场改正的火灾隐患，消防工作归口管理职能部门或者专兼职消防管理人员应当根据本单位的管理分工，及时将存在的火灾隐患向单位的消防安全管理人或者消防安全责任人报告，提出整改方案。消防安全管理人或者消防安全责任人应当确定整改的措施、期限以及负责整改的部门、人员，并落实整改资金。

在火灾隐患未消除之前，单位应当落实防范措施，保障消防安全。不能确保消防安全，随时可能引发火灾或者一旦发生火灾将严重危及人身安全的，应当将危险部位停产停业整改。

第三十三条　火灾隐患整改完毕，负责整改的部门或者人员应当将整改情况记录报送消防安全责任人或者消防安全管理人签字确认后存档备查。

第三十四条　对于涉及城市规划布局而不能自身解决的重大火灾隐患，以及机关、团体、事业单位确无能力解决的重大火灾隐患，单位应当提出解决方案并及时向其上级主管部门或者当地人民政府报告。

第三十五条　对公安消防机构责令限期改正的火灾隐患，单位应当在规定的期限内改正并写出火灾隐患整改复函，报送公安消防机构。

第三十六条　单位应当通过多种形式开展经常性的消防安全宣传教育。消防安全重点单位对每名员工应当至少每年进行一次消防安全培训。宣传教育和培训内容应当包括：

① 有关消防法规、消防安全制度和保障消防安全的操作规程；

② 本单位、本岗位的火灾危险性和防火措施；

③ 有关消防设施的性能、灭火器材的使用方法；

④ 报火警、扑救初起火灾以及自救逃生的知识和技能。

公众聚集场所对员工的消防安全培训应当至少每半年进行一次，培训的内容还应当包括组织、引导在场群众疏散的知识和技能。

单位应当组织新上岗和进入新岗位的员工进行上岗前的消防安全培训。

第三十七条　公众聚集场所在营业、活动期间，应当通过张贴图画、广播、闭路电视等向公众宣传防火、灭火、疏散逃生等常识。

学校、幼儿园应当通过寓教于乐等多种形式对学生和幼儿进行消防安全常识教育。

第三十八条　下列人员应当接受消防安全专门培训：

① 单位的消防安全责任人、消防安全管理人；

② 专、兼职消防管理人员；

③ 消防控制室的值班、操作人员；

④ 其他依照规定应当接受消防安全专门培训的人员。

前款规定中的第③ 项人员应当持证上岗。

第三十九条　消防安全重点单位制定的灭火和应急疏散预案应当包括下列内容：

① 组织机构，包括：灭火行动组、通讯联络组、疏散引导组、安全防护救护组；

② 报警和接警处置程序；

③ 应急疏散的组织程序和措施；

④ 扑救初起火灾的程序和措施；

⑤ 通讯联络、安全防护救护的程序和措施。

第四十条　消防安全重点单位应当按照灭火和应急疏散预案，至少每半年进行一次演练，并结合实际，不断完善预案。其他单位应当结合本单位实际，参照制定相应的应急方案，至少每年组织一次演练。

消防演练时，应当设置明显标识并事先告知演练范围内的人员。

第四十一条　消防安全重点单位应当建立健全消防档案。消防档案应当包括消防安全基本情况和消防安全管理情况。消防档案应当翔实，全面反映单位消防工作的基本情况，并附有必要的图表，根据情况变化及时更新。

单位应当对消防档案统一保管、备查。

四、自动消防系统操作、消防安全监测人员

（一）《消防法》

第二十一条 第二款　进行电焊、气焊等具有火灾危险作业的人员和自动消防系统的操作人员，必须持证上岗，并遵守消防安全操作规程。

（二）《消防控制室通用技术要求》

1. 消防控制室管理

① 消防控制室应当实行每日 24 小时专人值班制度，每班不应少于 2 人；

② 消防控制室的日常管理应符合 GA 587 的有关要求；

③ 消防控制室应确保火灾自动报警系统和灭火系统处于正常工作状态；

④ 消防控制室应确保高位消防水箱、消防水池、气压水罐等消防储水设施水量充足；确保消防泵出水管阀门、自动喷水灭火系统管道上的阀门常开；确保消防水泵、排烟风机、防火卷帘等消防用电设备的配电柜开关处于自动（接通）位置。

2. 消防控制室应急程序

① 接到火灾警报后，消防控制室必须立即以最快方式确认；

② 火灾确认后，消防控制室必须立即将火灾报警联动控制开关转入自动状态（处于自动状态的除外），同时拨打“119”火警电话报警；

③ 消防控制室必须立即启动单位内部应急灭火、疏散预案，并应同时报告单位负责人。

（三）《建筑消防设施的维护管理》

1. 设有建筑消防设施的单位应根据消防设施操作使用要求制订操作规程，明确操作人员

负责消防设施操作的人员应通过消防行业特有工种职业技能鉴定，持有初级技能以上等级的职业资格证书，能熟练操作消防设施。消防控制室、具有消防配电功能的配电室、消防水泵房、防排烟机房等重要的消防设施操作控制场所。应根据工作、生产、经营特点建立值班制度，确保火灾情况下有人能按操作规程及时、正确操作建筑消防设施。

单位制定灭火和应急疏散预案以及组织预案演练时，应将建筑消防设施的操作内容纳入其中。对操作过程中发现的问题应及时纠正。

2. 消防控制室值班时间和人员应符合的要求

① 实行每日24小时值班制度。值班人员应通过消防行业特有工种职业技能鉴定。持有初级技能以上等级的职业资格证书；

② 每班工作时间应不大于8小时。每班人员应不少于2人。值班人员对火灾报警控制器进行检查、接班、交班时，应填写《消防控制室值班记录表》的相关内容。值班期间每2小时记录一次消防控制室内消防设备的运行情况，及时记录消防控制室内消防设备的火警或故障情况；

③ 正常工作状态下，不应将自动喷水灭火系统、防烟排烟系统和联动控制的防火卷帘等防火分隔设施设置在手动控制状态。其他消防设施及其相关设备如设置在手动状态时，应有在火灾情况下迅速将手动控制转换为自动控制的可靠措施。

3. 消防控制室值班人员接到报警信号后应进行的程序

① 接到火灾报警信息后，应以最快方式确认；

② 确认属于误报时，查找误报原因并填写《建筑消防设施故障维修记录表》；

③ 火灾确认后，立即将火灾报警联动控制开关转入自动状态（处于自动状态的除外），同时拨打“119”火警电话报警；

④ 立即启动单位内部灭火和应急疏散预案，同时报告单位消防安全责任人。单位

消防安全责任人接到报告后应立即赶赴现场。

4. 从事建筑消防设施巡查的人员应符合的要求

① 应通过消防行业特有工种职业技能鉴定；

② 持有初级技能以上等级的职业资格证书。

5. 建筑消防设施巡查应明确的内容

① 明确各类建筑消防设施的巡查部位、频次和内容；

② 巡查时应填写《建筑消防设施巡查记录表》；

③ 巡查时发现故障，应按第 8 章要求处理。

6. 建筑消防设施巡查频次应满足的要求

① 公共娱乐场所营业时，应结合公共娱乐场所每 2 小时巡查一次的要求，视情况将建筑消防设施的巡查部分或全部纳入其中，但全部建筑消防设施应保证每日至少巡查一次。

② 消防安全重点单位，每日巡查一次。

③ 其他单位，每周至少巡查一次。

五、建设工程设计人员

（一）《消防法》

第九条　建设工程的消防设计、施工必须符合国家工程建设消防技术标准。建设、设计、施工、工程监理等单位依法对建设工程的消防设计、施工质量负责。

第五十九条　违反本法规定，有下列行为之一的，责令改正或者停止施工，并处一万元以上十万元以下罚款：

……

② 建筑设计单位不按照消防技术标准强制性要求进行消防设计的；

……

（二）《刑法》

第一百三十七条　建设单位、设计单位、施工单位、工程监理单位违反国家规定，降低工程质量标准，造成重大安全事故的，对直接责任人员处五年以下有期徒刑或者拘役，并处罚金；后果特别严重的，处五年以上十年以下有期徒刑，并处罚金。

（三）《建设工程质量管理条例》

第三条　建设单位、勘察单位、设计单位、施工单位、工程监理单位依法对建设工程质量负责。

第十八条　从事建设工程勘察、设计的单位应当依法取得相应等级的资质证书，并在其资质等级许可的范围内承揽工程。

禁止勘察、设计单位超越其资质等级许可的范围或者以其他勘察、设计单位的名义承揽工程。禁止勘察、设计单位允许其他单位或者个人以本单位的名义承揽工程。

勘察、设计单位不得转包或者违法分包所承揽的工程。

第十九条　勘察、设计单位必须按照工程建设强制性标准进行勘察、设计，并对其勘察、设计的质量负责。

注册建筑师、注册结构工程师等注册执业人员应当在设计文件上签字，对设计文件负责。

第二十二条　设计单位在设计文件中选用的建筑材料、建筑构配件和设备，应当注明规格、型号、性能等技术指标，其质量要求必须符合国家规定的标准。

除有特殊要求的建筑材料、专用设备、工艺生产线等外，设计单位不得指定生产厂、供应商。

第六十条　违反本条例规定，勘察、设计、施工、工程监理单位超越本单位资质等级承揽工程的，责令停止违法行为，对勘察、设计单位或者工程监理单位处合同约定的勘察费、设计费或者监理酬金1倍以上2倍以下的罚款；对施工单位处工程合同价款百分之二以上百分之四以下的罚款，可以责令停业整顿，降低资质等级；情节严重的，吊销资质证书；有违法所得的，予以没收。

未取得资质证书承揽工程的，予以取缔，依照前款规定处以罚款；有违法所得的，予以没收。

以欺骗手段取得资质证书承揽工程的，吊销资质证书，依照本条第一款规定处以罚款；有违法所得的，予以没收。

第六十一条　违反本条例规定，勘察、设计、施工、工程监理单位允许其他单位或者个人以本单位名义承揽工程的，责令改正，没收违法所得，对勘察、设计单位和工程监理单位处合同约定的勘察费、设计费和监理酬金1倍以上2倍以下的罚款；对施工单位处工程合同价款百分之二以上百分之四以下的罚款；可以责令停业整顿，降低资质等级；情节严重的，吊销资质证书。

第六十三条　违反本条例规定，有下列行为之一的，责令改正，处10万元以上30万元以下的罚款：

① 勘察单位未按照工程建设强制性标准进行勘察的；

② 设计单位未根据勘察成果文件进行工程设计的；

③ 设计单位指定建筑材料、建筑构配件的生产厂、供应商的；

④ 设计单位未按照工程建设强制性标准进行设计的。

有前款所列行为，造成工程质量事故的，责令停业整顿，降低资质等级；情节严重的，吊销资质证书；造成损失的，依法承担赔偿责任。

（四）《建设工程消防监督管理规定》

第九条 设计单位应当承担下列消防设计的质量责任：

① 根据消防法规和国家工程建设消防技术标准进行消防设计，编制符合要求的消防设计文件，不得违反国家工程建设消防技术标准强制性要求进行设计；

② 在设计中选用的消防产品和具有防火性能要求的建筑构件、建筑材料、装修材料，应当注明规格、性能等技术指标，其质量要求必须符合国家标准或者行业标准；

③ 参加建设单位组织的建设工程竣工验收，对建设工程消防设计实施情况签字确认。

第二十条 建设、设计、施工单位不得擅自修改经公安机关消防机构审核合格的建设工程消防设计。确需修改的，建设单位应当向出具消防设计审核意见的公安机关消防机构重新申请消防设计审核。

第三十八条第二款 建设、设计、施工、工程监理单位、消防技术服务机构及其从业人员违反有关消防法规、国家工程建设消防技术标准，造成危害后果的，除依法给予行政处罚或者追究刑事责任外，还应当依法承担民事赔偿责任。

六、施工、监理、检测、维保等执业人员

（一）《消防法》

第九条 建设工程的消防设计、施工必须符合国家工程建设消防技术标准。建设、设计、施工、工程监理等单位依法对建设工程的消防设计、施工质量负责。

第十二条 依法应当经公安机关消防机构进行消防设计审核的建设工程，未经依法审核或者审核不合格的，负责审批该工程施工许可的部门不得给予施工许可，建设单位、施工单位不得施工；其他建设工程取得施工许可后经依法抽查不合格的，应当停止施工。

第三十四条 消防产品质量认证、消防设施检测、消防安全监测等消防技术服务机构和执业人员，应当依法获得相应的资质、资格；依照法律、行政法规、国家标准、行业标准和执业准则，接受委托提供消防安全技术服务，并对服务质量负责。

第五十九条 违反本法规定，有下列行为之一的，责令改正或者停止施工，并处一万元以上十万元以下罚款：

……

③ 建筑施工企业不按照消防设计文件和消防技术标准施工，降低消防施工质量的；

④ 工程监理单位与建设单位或者建筑施工企业串通，弄虚作假，降低消防施工质量的。

（二）《刑法》

第一百三十七条　建设单位、设计单位、施工单位、工程监理单位违反国家规定，降低工程质量标准，造成重大安全事故的，对直接责任人员处五年以下有期徒刑或者拘役，并处罚金；后果特别严重的，处五年以上十年以下有期徒刑，并处罚金。

（三）《建设工程质量管理条例》

第三条　建设单位、勘察单位、设计单位、施工单位、工程监理单位依法对建设工程质量负责。

第二十五条　施工单位应当依法取得相应等级的资质证书，并在其资质等级许可的范围内承揽工程。

禁止施工单位超越本单位资质等级许可的业务范围或者以其他施工单位的名义承揽工程。禁止施工单位允许其他单位或者个人以本单位的名义承揽工程。

施工单位不得转包或者违法分包工程。

第二十六条　施工单位对建设工程的施工质量负责。

第二十八条　施工单位必须按照工程设计图纸和施工技术标准施工，不得擅自修改工程设计，不得偷工减料。

施工单位在施工过程中发现设计文件和图纸有差错的，应当及时提出意见和建议。

第六十条　违反本条例规定，勘察、设计、施工、工程监理单位超越本单位资质等级承揽工程的，责令停止违法行为，对勘察、设计单位或者工程监理单位处合同约定的勘察费、设计费或者监理酬金 1 倍以上 2 倍以下的罚款；对施工单位处工程合同价款百分之二以上百分之四以下的罚款，可以责令停业整顿，降低资质等级；情节严重的，吊销资质证书；有违法所得的，予以没收。

未取得资质证书承揽工程的，予以取缔，依照前款规定处以罚款；有违法所得的，予以没收。

以欺骗手段取得资质证书承揽工程的，吊销资质证书，依照本条第一款规定处以罚款；有违法所得的，予以没收。

第六十一条　违反本条例规定，勘察、设计、施工、工程监理单位允许其他单位或者个人以本单位名义承揽工程的，责令改正，没收违法所得，对勘察、设计单位和工程监理单位处合同约定的勘察费、设计费和监理酬金 1 倍以上 2 倍以下的罚款；对施工单位处工程合同价款百分之二以上百分之四以下的罚款；可以责令停业整顿，降低资质等级；情节严重的，吊销资质证书。

第六十四条 违反本条例规定，施工单位在施工中偷工减料的，使用不合格的建筑材料、建筑构配件和设备的，或者有不按照工程设计图纸或者施工技术标准施工的其他行为的，责令改正，处工程合同价款百分之二以上百分之四以下的罚款；造成建设工程质量不符合规定的质量标准的，负责返工、修理，并赔偿因此造成的损失；情节严重的，责令停业整顿，降低资质等级或者吊销资质证书。

第六十七条 工程监理单位有下列行为之一的，责令改正，处50万元以上100万元以下的罚款，降低资质等级或者吊销资质证书；有违法所得的，予以没收；造成损失的，承担连带赔偿责任：

① 与建设单位或者施工单位串通，弄虚作假、降低工程质量的；

② 将不合格的建设工程、建筑材料、建筑构配件和设备按照合格签字的。

（四）《建设工程安全生产管理条例》

第三十一条 施工单位应当在施工现场建立消防安全责任制度，确定消防安全责任人，制定用火、用电、使用易燃易爆材料等各项消防安全管理制度和操作规程，设置消防通道、消防水源，配备消防设施和灭火器材，并在施工现场入口处设置明显标志。

第六十二条 违反本条例的规定，施工单位有下列行为之一的，责令限期改正；逾期未改正的，责令停业整顿，依照《中华人民共和国安全生产法》的有关规定处以罚款；造成重大安全事故，构成犯罪的，对直接责任人员，依照刑法有关规定追究刑事责任：

……

③ 未在施工现场的危险部位设置明显的安全警示标志，或者未按照国家有关规定在施工现场设置消防通道、消防水源、配备消防设施和灭火器材的；

……

（五）《建设工程消防监督管理规定》

第十条 施工单位应当承担下列消防施工的质量和安全责任：

① 按照国家工程建设消防技术标准和经消防设计审核合格或者备案的消防设计文件组织施工，不得擅自改变消防设计进行施工，降低消防施工质量；

② 查验消防产品和具有防火性能要求的建筑构件、建筑材料及装修材料的质量，使用合格产品，保证消防施工质量；

③ 建立施工现场消防安全责任制度，确定消防安全负责人。加强对施工人员的消防教育培训，落实动火、用电、易燃可燃材料等消防管理制度和操作规程。保证在建工程竣工验收前消防通道、消防水源、消防设施和器材、消防安全标志等完好有效。

第十一条 工程监理单位应当承担下列消防施工的质量监理责任：

① 按照国家工程建设消防技术标准和经消防设计审核合格或者备案的消防设计文件实施工程监理；

② 在消防产品和具有防火性能要求的建筑构件、建筑材料、装修材料施工、安装前，核查产品质量证明文件，不得同意使用或者安装不合格的消防产品和防火性能不符合要求的建筑构件、建筑材料、装修材料；

③ 参加建设单位组织的建设工程竣工验收，对建设工程消防施工质量签字确认。

第十二条　社会消防技术服务机构应当依法设立，社会消防技术服务工作应当依法开展。为建设工程消防设计、竣工验收提供图纸审查、安全评估、检测等消防技术服务的机构和人员，应当依法取得相应的资质、资格，按照法律、行政法规、国家标准、行业标准和执业准则提供消防技术服务，并对出具的审查、评估、检验、检测意见负责。

第二十条　建设、设计、施工单位不得擅自修改经公安机关消防机构审核合格的建设工程消防设计。确需修改的，建设单位应当向出具消防设计审核意见的公安机关消防机构重新申请消防设计审核。

第三十八条　第二款　建设、设计、施工、工程监理单位、消防技术服务机构及其从业人员违反有关消防法规、国家工程建设消防技术标准，造成危害后果的，除依法给予行政处罚或者追究刑事责任外，还应当依法承担民事赔偿责任。

第四十二条　有下列情形之一的，应当依法从重处罚：

……

④ 工程监理单位与建设单位或者施工单位串通，弄虚作假，降低消防施工质量的。

（六）《机关、团体、企业、事业单位消防安全管理规定》

第二十八条　设有自动消防设施的单位，应当按照有关规定定期对其自动消防设施进行全面检查测试，并出具检测报告，存档备查。

七、易燃易爆危险化学品从业人员

（一）《消防法》

第十九条　生产、储存、经营易燃易爆危险品的场所不得与居住场所设置在同一建筑物内，并应当与居住场所保持安全距离。

第二十二条　生产、储存、装卸易燃易爆危险品的工厂、仓库和专用车站、码头的设置，应当符合消防技术标准。易燃易爆气体和液体的充装站、供应站、调压站，应当设置在符合消防安全要求的位置，并符合防火防爆要求。

已经设置的生产、储存、装卸易燃易爆危险品的工厂、仓库和专用车站、码头，易燃易爆气体和液体的充装站、供应站、调压站，不再符合前款规定的，地方人民政府应当组织、协调有关部门、单位限期解决，消除安全隐患。

第二十三条　生产、储存、运输、销售、使用、销毁易燃易爆危险品，必须执行消防技术标准和管理规定。

进入生产、储存易燃易爆危险品的场所，必须执行消防安全规定。禁止非法携带易燃易爆危险品进入公共场所或者乘坐公共交通工具。

储存可燃物资仓库的管理，必须执行消防技术标准和管理规定。

第六十一条　生产、储存、经营易燃易爆危险品的场所与居住场所设置在同一建筑物内，或者未与居住场所保持安全距离的，责令停产停业，并处五千元以上五万元以下罚款。

第六十二条 有下列行为之一的，依照《中华人民共和国治安管理处罚法》的规定处罚：

① 违反有关消防技术标准和管理规定生产、储存、运输、销售、使用、销毁易燃易爆危险品的；

② 非法携带易燃易爆危险品进入公共场所或者乘坐公共交通工具的；

……

第六十三条 违反本法规定，有下列行为之一的，处警告或者五百元以下罚款；情节严重的，处五日以下拘留：

① 违反消防安全规定进入生产、储存易燃易爆危险品场所的；

② 违反规定使用明火作业或者在具有火灾、爆炸危险的场所吸烟、使用明火的。

（二）《刑法》

第一百三十条　非法携带枪支、弹药、管制刀具或者爆炸性、易燃性、放射形、毒害性、腐蚀性物品，进入公共场所或者公共交通工具，危及公共安全，情节严重的，处三年以下有期徒刑、拘役或者管制。

第一百三十六条　违反爆炸性、易燃性、放射性、毒害性、腐蚀性物品的管理规定，在生产、储存、运输、使用中发生重大事故，造成严重后果的，处三年以下有期徒刑或者拘役；后果特别严重的，处三年以上七年以下有期徒刑。

第一百四十六条　生产不符合保障人身、财产安全的国家标准、行业标准的电器、压力容器、易燃易爆产品或者其他不符合保障人身、财产安全的国家标准、行业标准的产品，或者销售明知是以上不符合保障人身、财产安全的国家标准、行业标准的产品，造成严重后果的，处五年以下有期徒刑，并处销售金额百分之五十以上二倍以下罚金；后果特别严重的，处五年以上有期徒刑，并处销售金额百分之五十以上二倍以下罚金。

（三）《治安管理处罚法》

第三十条　违反国家规定，制造、买卖、储存、运输、邮寄、携带、使用、提供、处置爆炸性、毒害性、放射性、腐蚀性物质或者传染病病原体等危险物质的，处十日以上十五日以下拘留；情节较轻的，处五日以上十日以下拘留。

（四）《机关、团体、企业、事业单位消防安全管理规定》

第十三条　下列范围的单位是消防安全重点单位，应当按照本规定的要求，实行严格管理：

……

⑧ 易燃易爆化学物品的生产、充装、储存、供应、销售单位。

第二十二条　单位应当遵守国家有关规定，对易燃易爆危险物品的生产、使用、储存、销售、运输或者销毁实行严格的消防安全管理。

八、电工、电气焊工等特殊工种作业人员

（一）《消防法》

第二十一条　禁止在具有火灾、爆炸危险的场所吸烟、使用明火。因施工等特殊情况需要使用明火作业的，应当按照规定事先办理审批手续，采取相应的消防安全措施；作业人员应当遵守消防安全规定。

进行电焊、气焊等具有火灾危险作业的人员和自动消防系统的操作人员，必须持证上岗，并遵守消防安全操作规程。

（二）《机关、团体、企业、事业单位消防安全管理规定》

第二十条　单位应当对动用明火实行严格的消防安全管理。禁止在具有火灾、爆炸危险的场所使用明火；因特殊情况需要进行电、气焊等明火作业的，动火部门和人员应当按照单位的用火管理制度办理审批手续，落实现场监护人，在确认无火灾、爆炸危险后方可动火施工。动火施工人员应当遵守消防安全规定，并落实相应的消防安全措施。

公众聚集场所或者两个以上单位共同使用的建筑物局部施工需要使用明火时，施工单位和使用单位应当共同采取措施，将施工区和使用区进行防火分隔，清除动火区域的易燃、可燃物，配置消防器材，专人监护，保证施工及使用范围的消防安全。

公共娱乐场所在营业期间禁止动火施工。

九、消防志愿人员

（一）《消防法》

第五条　任何单位和个人都有维护消防安全、保护消防设施、预防火灾、报告火警

的义务。任何单位和成年人都有参加有组织的灭火工作的义务。

第十六条 机关、团体、企业、事业等单位应当履行下列消防安全职责：

① 落实消防安全责任制，制定本单位的消防安全制度、消防安全操作规程，制定灭火和应急疏散预案；

② 按照国家标准、行业标准配置消防设施、器材，设置消防安全标志，并定期组织检验、维修，确保完好有效；

③ 对建筑消防设施每年至少进行一次全面检测，确保完好有效，检测记录应当完整准确，存档备查；

④ 保障疏散通道、安全出口、消防车通道畅通，保证防火防烟分区、防火间距符合消防技术标准；

⑤ 组织防火检查，及时消除火灾隐患；

⑥ 组织进行有针对性的消防演练；

⑦ 法律、法规规定的其他消防安全职责。

单位的主要负责人是本单位的消防安全责任人。

（二）**《机关、团体、企业、事业单位消防安全管理规定》**

第二十四条 单位发生火灾时，应当立即实施灭火和应急疏散预案，务必做到及时报警，迅速扑救火灾，及时疏散人员，邻近单位应当给予支持。任何单位、人员都应当无偿为报火警提供便利，不得阻拦报警。

十、保安员

（一）**《消防法》**

第五条 任何单位和个人都有维护消防安全、保护消防设施、预防火灾、报告火警的义务。任何单位和成年人都有参加有组织的灭火工作的义务。

第十六条 机关、团体、企业、事业等单位应当履行下列消防安全职责：

① 落实消防安全责任制，制定本单位的消防安全制度、消防安全操作规程，制定灭火和应急疏散预案；

② 按照国家标准、行业标准配置消防设施、器材，设置消防安全标志，并定期组织检验、维修，确保完好有效；

③ 对建筑消防设施每年至少进行一次全面检测，确保完好有效，检测记录应当完整准确，存档备查；

④ 保障疏散通道、安全出口、消防车通道畅通，保证防火防烟分区、防火间距符合消防技术标准；

⑤ 组织防火检查，及时消除火灾隐患；

⑥ 组织进行有针对性的消防演练；

⑦ 法律、法规规定的其他消防安全职责。

单位的主要负责人是本单位的消防安全责任人。

第四十四条　任何人发现火灾都应当立即报警。任何单位、个人都应当无偿为报警提供便利，不得阻拦报警。严禁谎报火警。

人员密集场所发生火灾，该场所的现场工作人员应当立即组织、引导在场人员疏散。

任何单位发生火灾，必须立即组织力量扑救。邻近单位应当给予支援。

（二）**《机关、团体、企业、事业单位消防安全管理规定》**

第二十四条　单位发生火灾时，应当立即实施灭火和应急疏散预案，务必做到及时报警，迅速扑救火灾，及时疏散人员，邻近单位应当给予支持。任何单位、人员都应当无偿为报火警提供便利，不得阻拦报警。

第二十五条　消防安全重点单位应当进行每日防火巡查，并确定巡查的人员、内容、部位和频次。其他单位可以根据需要组织防火巡查。巡查的内容应当包括：

① 用火、用电有无违章情况；

② 安全出口、疏散通道是否畅通，安全疏散指示标志、应急照明是否完好；

③ 消防设施、器材和消防安全标志是否在位、完整；

④ 常闭式防火门是否处于关闭状态，防火卷帘下是否堆放物品影响使用；

⑤ 消防安全重点部位的人员在岗情况；

⑥ 其他消防安全情况。

公众聚集场所在营业期间的防火巡查应当至少每二小时一次；营业结束时应当对营业现场进行检查，消除遗留火种。医院、养老院、寄宿制学校、托儿所、幼儿园应当加强夜间防火巡查，其他消防安全重点单位可以结合实际组织夜间防火巡查。

防火巡查人员应当及时纠正违章行为，妥善处置火灾危险，无法当场处置的，应当立即报告。发现初起火灾应当立即报警并及时扑救。

防火巡查应当填写巡查记录，巡查人员及其主管人员应当在巡查记录上签名。

第二十六条　机关、团体、事业单位应当至少每季度进行一次防火检查，其他单位应当至少每月进行一次防火检查。检查的内容应当包括：

① 火灾隐患的整改情况以及防范措施的落实情况；

② 安全疏散通道、疏散指示标志、应急照明和安全出口情况；

③ 消防车通道、消防水源情况；

④ 灭火器材配置及有效情况；

⑤ 用火、用电有无违章情况；

⑥ 重点工种人员以及其他员工消防知识的掌握情况；

⑦ 消防安全重点部位的管理情况；

⑧ 易燃易爆危险物品和场所防火防爆措施的落实情况以及其他重要物资的防火安全情况；

⑨ 消防（控制室）值班情况和设施运行、记录情况；

⑩ 防火巡查情况；

⑪ 消防安全标志的设置情况和完好、有效情况；

⑫ 其他需要检查的内容。

防火检查应当填写检查记录。检查人员和被检查部门负责人应当在检查记录上签名。

十一、社会单位员工

（一）《消防法》

第五条　任何单位和个人都有维护消防安全、保护消防设施、预防火灾、报告火警的义务。任何单位和成年人都有参加有组织的灭火工作的义务。

第十六条　机关、团体、企业、事业等单位应当履行下列消防安全职责：

① 落实消防安全责任制，制定本单位的消防安全制度、消防安全操作规程，制定灭火和应急疏散预案；

② 按照国家标准、行业标准配置消防设施、器材，设置消防安全标志，并定期组织检验、维修，确保完好有效；

③ 对建筑消防设施每年至少进行一次全面检测，确保完好有效，检测记录应当完整准确，存档备查；

④ 保障疏散通道、安全出口、消防车通道畅通，保证防火防烟分区、防火间距符合消防技术标准；

⑤ 组织防火检查，及时消除火灾隐患；

⑥ 组织进行有针对性的消防演练；

⑦ 法律、法规规定的其他消防安全职责。

单位的主要负责人是本单位的消防安全责任人。

第四十四条　任何人发现火灾都应当立即报警。任何单位、个人都应当无偿为报警提供便利，不得阻拦报警。严禁谎报火警。

人员密集场所发生火灾，该场所的现场工作人员应当立即组织、引导在场人员疏散。

任何单位发生火灾，必须立即组织力量扑救。邻近单位应当给予支援。

（二）《机关、团体、企业、事业单位消防安全管理规定》

第二十四条 单位发生火灾时，应当立即实施灭火和应急疏散预案，务必做到及时报警，迅速扑救火灾，及时疏散人员，邻近单位应当给予支持。任何单位、人员都应当无偿为报火警提供便利，不得阻拦报警。

十二、大学生、中学生、小学生

（一）《消防法》

第五条 任何单位和个人都有维护消防安全、保护消防设施、预防火灾、报告火警的义务。任何单位和成年人都有参加有组织的灭火工作的义务。

第四十四条第一款 任何人发现火灾都应当立即报警。任何单位、个人都应当无偿为报警提供便利，不得阻拦报警。严禁谎报火警。

（二）《刑法》

第一百一十四条 放火、决水、爆炸、投毒或者以其他危险方法破坏工厂、矿场、油田、港口、河流、水源、仓库、住宅、森林、农场、谷场、牧场、重要管道、公共建筑物或者其他公私财产，危害公共安全，尚未造成严重后果的，处三年以下有期徒刑。

第一百一十五条 放火、决水、爆炸、投毒或者以其他危险方法致人重伤、死亡或者使公私财产遭受重大损失的，处十年以上有期徒刑、无期徒刑或者死刑。过失犯前款罪的，处三年以上七年以下有期徒刑；情节较轻的，处三年以下有期徒刑或者拘役。

（三）《治安管理处罚法》

第三十条 违反国家规定，制造、买卖、储存、运输、邮寄、携带、使用、提供、处置爆炸性、毒害性、放射性、腐蚀性物质或者传染病病原体等危险物质的，处十日以上十五日以下拘留；情节较轻的，处五日以上十日以下拘留。

（四）《高等学校消防安全管理规定》

第六条 学校各单位和师生员工应当依法履行保护消防设施、预防火灾、报告火警和扑救初起火灾等维护消防安全的义务。

第十三条 除本规定第十一条外，学生宿舍管理部门还应当履行下列安全管理职责：

① 建立由学生参加的志愿消防组织，定期进行消防演练；

② 加强学生宿舍用火、用电安全教育与检查；

③ 加强夜间防火巡查，发现火灾立即组织扑救和疏散学生。

第十八条第三款 学生宿舍、教室和礼堂等人员密集场所，禁止违规使用大功率电器，在门窗、阳台等部位不得设置影响逃生和灭火救援的障碍物。

第三十六条　学校应当采取下列措施对学生进行消防安全教育，使其了解防火、灭火知识，掌握报警、扑救初起火灾和自救、逃生方法。

① 开展学生自救、逃生等防火安全常识的模拟演练，每学年至少组织一次学生消防演练；

② 根据消防安全教育的需要，将消防安全知识纳入教学和培训内容；

③ 对每届新生进行不低于 4 学时的消防安全教育和培训；

④ 对进入实验室的学生进行必要的安全技能和操作规程培训；

⑤ 每学年至少举办一次消防安全专题讲座，并在校园网络、广播、校内报刊开设消防安全教育栏目。

十三、居（村）民

（一）《消防法》

第五条　任何单位和个人都有维护消防安全、保护消防设施、预防火灾、报告火警的义务。任何单位和成年人都有参加有组织的灭火工作的义务。

第二十一条　禁止在具有火灾、爆炸危险的场所吸烟、使用明火。

……

第四十四条第一款　任何人发现火灾都应当立即报警。任何单位、个人都应当无偿为报警提供便利，不得阻拦报警。严禁谎报火警。

（二）《刑法》

第一百一十四条　放火、决水、爆炸、投毒或者以其他危险方法破坏工厂、矿场、油田、港口、河流、水源、仓库、住宅、森林、农场、谷场、牧场、重要管道、公共建筑物或者其他公私财产，危害公共安全，尚未造成严重后果的，处三年以下有期徒刑。

第一百一十五条　放火、决水、爆炸、投毒或者以其他危险方法致人重伤、死亡或者使公私财产遭受重大损失的，处十年以上有期徒刑、无期徒刑或者死刑。过失犯前款罪的，处三年以上七年以下有期徒刑；情节较轻的，处三年以下有期徒刑或者拘役。

（三）《治安管理处罚法》

第三十条　违反国家规定，制造、买卖、储存、运输、邮寄、携带、使用、提供、处置爆炸性、毒害性、放射性、腐蚀性物质或者传染病病原体等危险物质的，处十日以上十五日以下拘留；情节较轻的，处五日以上十日以下拘留。

第五节　消防刑事处罚

一、公安消防机构管辖的两种犯罪案件

（一）失火罪

1. 概念

失火罪是指行为人过失引起火灾，造成致人重伤、死亡或者使公私财产遭受重大损失的严重后果，危害公共安全的行为。

2. 构成要件

（1）主观要件

本罪在主观方面表现为过失。既可出于疏忽大意的过失，即行为人应当预见自己的行为可能引起火灾，因为疏忽大意而未预见，致使火灾发生，也可以出于过于自信的过失，即行为人应当预见自己的行为可能引起火灾，由于轻信火灾能够避免，结果发生了火灾。

（2）客观要件

本罪在客观方面表现为行为人实施引起火灾，造成严重后果的危害公共安全行为。

① 行为人必须有引起火灾的行为。失火一般发生在日常生产中，如吸烟引起火灾，取暖做饭用火不慎引起火灾。做饭不照看炉火，安装炉灶、烟囱不合防火规则，在森林中乱烧荒，或者架柴做饭、取暖，不注意防火，以致酿成火灾，造成重大损失，就构成失火罪。

② 行为人的行为必须造成严重后果，即致人重伤、死亡或者使公私财产遭受重大损失。仅有失火行为，未引起危害后果，或者危害后果不严重，不构成失火罪，而属一般失火行为。

3. 刑罚

对于失火罪的处罚，根据《刑法》第一百一十五条的规定，对失火罪的处刑是：处三年以上七年以下有期徒刑；情节较轻的，处三年以下有期徒刑或者拘役。

（二）消防责任事故罪

1. 概念

消防责任事故罪是指违反消防管理法规，经消防监督机构通知采取改正措施而拒绝执行，造成严重后果的行为。

2. 构成要件

构成本罪应具备以下条件：

① 主观要件

本罪在主观方面表现为过失。可以是疏忽大意的过失，也可以是过于自信的过失。这里所说的过失，是指行为人对其所造成的危害结果的心理状态而言。行为人主观上并不希望火灾事故发生，但就其违反消防管理法规，经消防机构通知采取改正措施而拒绝执行而言，则是明知故犯的。行为人明知是违反了消防管理法规，但却未想到会因此立即产生严重后果，或者轻信能够避免，以致发生了严重后果。

② 客观要件

本罪在客观方面表现为违反消防管理法规且经消防监督机构通知采取改正措施而拒绝执行的行为。“消防管理法规”包括法律、行政法规、地方性法规、部委规章和政府规章；违反消防管理法规而造成严重后果，是这种犯罪行为的本质特征。

3. 刑罚

根据《刑法》第一百三十九条的规定，对消防责任事故罪的处刑是：造成严重后果的，对直接责任人员，处三年以下有期徒刑或者拘役；后果特别严重的，处三年以上七年以下有期徒刑。

二、其他相关犯罪及刑罚

除失火罪、消防责任事故罪以外，刑法中规定的应受刑事处罚的几种犯罪也与消防管理有关：

（一）放火罪

第一百一十四条　放火、决水、爆炸、投毒或者以其他危险方法破坏工厂、矿场、油田、港口、河流、水源、仓库、住宅、森林、农场、谷场、牧场、重要管道、公共建筑物或者其他公私财产，危害公共安全，尚未造成严重后果的，处三年以上十年以下有期徒刑。

第一百一十五条　放火、决水、爆炸、投毒或者以其他危险方法致人重伤、死亡或者使公私财产遭受重大损失的，处十年以上有期徒刑、无期徒刑或者死刑。

（二）非法携带枪支、弹药、管制刀具、危险物品危及公共安全罪

第一百三十条　非法携带枪支、弹药、管制刀具或者爆炸性、易燃性、放射性、毒害性、腐蚀性物品，进入公共场所或者公共交通工具，危及公共安全，情节严重的，处三年以下有期徒刑、拘役或者管制。

（三）重大责任事故罪

第一百三十四条　工厂、矿山、林场、建筑企业或者其他企业、事业单位的职工，由于不服管理、违反规章制度，或者强令工人违章冒险作业，因而发生重大伤亡事故或者造成其他严重后果的，处三年以下有期徒刑或者拘役；情节特别恶劣的，处三年以上七年以下有期徒刑。

第四章

电气防火

Dianqi Fanghuo

第一节　电气线路、电气设备防火

由于电气方面原因产生火源而引起火灾，称为电气火灾。为了抑制电气火灾的产生而采取的各种技术措施和安全管理措施，称为电气防火。

导致电气线路、电气设备发生火灾的原因有许多，如过载、短路、接触不良、电弧和火花、漏电、雷电或静电等都能引起火灾。从电气防火角度看，电气火灾大都是因电气线路和设备的安装或使用不当、电器产品质量差、雷击或静电以及管理不善等造成的。

一、电气线路、电气设备火灾的主要原因

（一）过载

过载是指电气设备和电气线路在运行中超过安全载流量或额定值。过载使导体中的电能转变成热能，当导体和绝缘物局部过热，达到一定温度时，就会引起火灾。

造成过载的主要原因有：

① 设计、安装时选型不正确，使电气设备的额定容量小于实际负载容量。

② 设备或导线随意装接，增加负荷，造成超载运行。

③ 检修、维护不及时，使设备或导线长期处于带病运行状态。

（二）短路、电弧和火花

短路是电气设备最严重的一种故障状态。相线与相线，相线与零线（或地线）在某一点相碰或相接，引起电气回路中电流突然增大的现象，称为短路。

短路时，在短路点或导线连接松动的电气接头处，会产生电弧或火花。电弧温度很高，可达 6 000 摄氏度以上，不但可引燃它本身的绝缘材料，还可将它附近的可燃材料、蒸气和粉尘引燃。电弧还可能由于接地装置不良或电气设备与接地装置间距过小，过电压时击穿空气引起。切断或接通大电流电路时，或大截面熔断器熔断时，也能产生电弧。

造成短路的主要原因有：

① 电气设备的使用和安装与使用环境不符，致使其绝缘在高温、潮湿、酸碱环境条件下受到破坏。

② 电气设备使用时间过长，超过使用寿命，致使绝缘老化或受损脱落。

③ 金属等导电物质或鼠、蛇等小动物，跨越在输电裸线的两线之间或相对地之间。

④ 电导线由于拖拉、摩擦、挤压、长期接触尖硬物体等，绝缘层造成机械损伤。

⑤ 过电压使绝缘层击穿。

⑥ 错误操作或把电源投向故障线路。

⑦ 恶劣天气，如大风暴雨造成线路金属性连接。

（三）接触不良

接触不良是指导线与导线、导线与电气设备的连接处由于接触面处理不好，接头松动，造成电阻过大，形成局部过热的现象。接触不良也会出现电弧、电火花，造成潜在点火源。

造成接触电阻过大的主要原因有：

① 电气接头表面污损，接触电阻增加。

② 电气接头长期运行，产生导电不良的氧化膜，未及时清除。

③ 电气接头因振动或冷热变化的作用，使连接处发生松动、氧化。

④ 铜铝连接处未按规定方法处理，发生电化学腐蚀。

⑤ 接头没有按规定方法连接，连接不牢。

（四）烘烤与摩擦

电热器具（如电炉、电熨斗、电热毯等），照明灯具，在正常通电的状态下，相当于一个火源或高温热源。当其安装不当或长期通电无人监护管理时，就可能使附近的可燃物受高温烘烤而起火。

发电机和电动机等旋转电气设备，转子与定子相碰或轴承出现润滑不良、干枯产生干磨发热或虽润滑正常但出现高速旋转时，都会引起火灾。最危险的是轴承摩擦，轴承磨损后会发出不正常的声音，引起局部过热，以致润滑脂变稀而溢出轴承室，从而使温度更高。如果轴承球体被碾碎，电动机轴承被卡住，电机会因过载而被烧毁。

（五）接地故障

接地装置是由接地体和接地线两部分组成的，其基本作用是给接地故障电流提供一条经大地通向变压器中性接地点的回路，也为雷电流和静电电流构成与大地间的通路。无论哪种电流，当其流过不良的接地装置时，均会引起火灾。

接地故障引起火灾的主要原因有：

① 当绝缘损坏时，相线与接地线或接地金属物之间漏电，会形成火花放电。

② 在接地回路中，因接地线接头太松或腐蚀等，使电阻增加形成局部过热。

③ 在高阻值回路流通的故障电流，会沿邻近阻抗小的接地金属结构流散。若是向煤气管道弧光放电，则会将煤气管击穿，使煤气泄漏而着火。

④ 在低阻值回路，若接地线截面过小，会影响其热稳定性，使接地线产生过热现象。

二、电气线路、电气设备火灾的预防措施

（一）防止过载的措施

通常防止过载的措施主要有：

① 低压配电装置不能超负荷运行，其电压、电流指示值应在正常范围。

② 正确选用和安装过载保护装置。

③ 电开关和插座应选用合格产品，并不能超负荷使用。

④ 正确选用不同规格的电线电缆，要根据使用负荷正确选择导线的截面。

⑤ 对于需用电动机的场合，要正确选型，避免“小马拉大车”导致过载。

（二）防止短路的措施

通常防止短路的措施主要有：

① 电气线路应选用绝缘线缆。在高温、潮湿、酸碱条件下，应选用适应相应环境的防湿、防热、耐火或防腐线缆类型和保护附件。例如，高温场所应以石棉、玻璃丝、瓷珠、云母等做成耐热配线；三级、四级耐火等级建筑闷顶内的电线应用金属管配线或带有金属保护的绝缘导线；明敷于潮湿场所的线管应采用水煤气钢管等。

② 确保电气线路的安装施工质量和加强日常安全检查，注意电气线路的线间、线与其他物体间保持一定安全间距，并防止导线机械性损伤导致绝缘性能降低。例如，室内明敷导线穿过墙壁或金属构件时须用绝缘套管保护；架空线路要注意敷设路径的安全性和安装的牢固度；及时检查发现放电打火的痕迹；及时更换老化线路等。

③ 低压配电装置和大负荷开关安装灭弧装置，如灭弧栅、灭弧触头、灭弧罩、灭弧绝缘板等。

④ 配电箱、插座、开关等易产生电弧打火的设备附近不要放置易燃物品。

⑤ 插座和开关等设备应保持完好无损，在潮湿场所应采取防水、防溅措施。

⑥ 安装漏电监测与保护装置，及时发现线路和用电设备的绝缘故障，并提供保护。

（三）防止接触不良的措施

通常防止接触不良的措施主要有：

① 导线的各种方式连接均要确保牢固可靠，接头应具有足够的机械强度，并耐腐蚀。

② 铜铝线连接要防止接触面松动、受潮、氧化。

③ 检查或检测线路和设备的局部过热现象（包括直观检查、红外测温、热成像、温度监测报警系统等手段），及时消除隐患。

（四）防止烘烤、摩擦起火的措施

通常防止高温烘烤起火的措施主要有：

① 应根据环境场所的火灾危险性来选择照明灯具，并且照明装置应与可燃物、可燃结构之间保持一定的距离，严禁用纸、布或其他可燃物遮挡灯具。

② 使用电熨斗必须有人监视，使用时切勿长时间通电，用完后不要忘记切断电源，并将其放置在专用的架子上自然降温，防止余热引起火灾。

③ 使用电热毯要选择优良产品，避免在保温良好的条件下长时间通电，下床后要切断电源。

④ 电热设备（电烘箱、电炉等）应设置在不燃材料之上，与周围可燃物须保持一定的安全距离，导线与电热元件接线处应牢固，引出线处要采用耐高温绝缘材料予以保护。

选择、安装和运行保护是预防电动机火灾的几个主要方面，忽视任一个方面都可能引起事故，造成火灾。因此只有把好每一个环节的关，定期检查维修，才有可能避免烧毁电动机和由此引起火灾事故。

（五）防止接地故障火灾的措施

通常防止接地故障火灾的措施主要有：

① 在接地系统设计时要综合考虑，确保系统安全。一般在 PEN 线上不要装设开关和熔断器，防止接零设备上呈现危险的对地电压。

② 保证接地装置足够的载流量、热稳定性和可靠性连接。

③ 低压配电系统实行等电位连接对防止触电和电气火灾事故的发生具有重要作用，等电位连接可降低接地故障的接触电压，从而减轻由于保护电器动作失误带来的危险。

④ 装设漏电保护器，将低压电路的故障利用对地短路电流或泄漏电流而自动切断电路，从而及时安全地切除故障电路，进一步提高用电安全水平。

第二节　防雷电、防静电

一、雷电

雷电是自然界的一种复杂放电现象。带着不同电荷的雷云之间或雷云与大地之间的绝缘（空间）被击穿，会产生放电现象。当地面上的建筑物和电力系统内的电气设备遭受直接雷击或雷电感应时，其放电电压可达数百万伏到数千万伏，电流达几十万安培，远远大于发、供电系统的正常值。雷电的破坏性极大，不仅能击毙人畜，劈裂树木，击毁电气设备，破坏建筑物及各种设施，还能引起火灾和爆炸事故。

（一）雷电的危害

雷电有以下三方面的破坏作用：

1．电效应

电效应主要是雷电产生的数百万伏乃至更高的冲击电压，有可能击毁电气设备的绝缘，烧断电线或劈裂电杆，造成大规模停电；绝缘损坏还可能引起短路，导致火灾或爆炸事故，巨大的雷电流流经防雷装置时会造成防雷装置的电位升高，这样的高电位同样可以作用在电气线路、电气设备或其他金属管道上，它们之间会产生放电。这种接地导体由于电位升高，而向带电导体或与地绝缘的其他金属物放电的现象，叫做反击。反击能引起电气设备绝缘破坏，造成高压窜入低压系统，可能直接导致接触电压和跨步电压造成严重事故，可使金属管道烧穿，甚至造成易燃易爆物品着火和爆炸。

2．热效应

热效应主要是雷电流通过导体，在极短的时间内转换成大量的热能，造成易爆品燃烧或造成金属熔化飞溅而引起火灾或爆炸事故。

3．机械效应

机械效应是指巨大的雷电流通过被击物时，使被击物缝隙中的气体剧烈膨胀，缝隙中的水分也急剧蒸发为大量气体，因而在被击物体内部出现强大的机械压力，致使被击物体遭受严重破坏摧毁。

（二）防雷的主要安全措施

1．防直击雷的措施

防直击雷的措施主要有：设避雷针或避雷线、带（网），使建筑物及突出屋面的物体均处于接闪器的保护范围内。完整的一套防雷装置是由接闪器、引下线和接地装置三部分组成。接闪器是专门直接接受雷击的金属导体，利用其高出被保护物的突出位置，把雷电引向自身，然后通过引下线和接地装置，把雷电流导入大地，使被保护物免受雷击。避雷针、避雷线、避雷网和避雷带实际上都是接闪器。引下线是连接接闪器与接地装置的金属导体，应满足机械强度、耐腐蚀和热稳定性的要求。接地装置包括接地线和接地体，是防雷装置的重要组成部分。

2．防雷电感应的措施

由于雷电影响，在距直接雷击处一定范围内，有时会产生“静电感应”所引起的电荷放电现象。为了避免雷电所引起的静电感应作用而形成的火花放电，必须将被保护物的一切金属部分可靠接地。同时为避免雷电电磁感应的危害，应将屋内的金属回路连接成一个闭合回路（接触电阻越小越好），形成静电屏蔽。

3. 防雷电波（流）侵入的措施

为了防止雷电的高电压沿架空线侵入室内，除了在供电系统中加强过电压保护外，最简单的方法是将线路绝缘瓷瓶的铁脚接地。在居住的房屋中如果有电视机或收音机的天线，要防止由天线引进的雷电高压电，应装避雷器或装一个防雷用的转换开关，在雷雨即将来临前，将天线转换到接地体上，使雷电流泻入大地中。

二、静电

静电是一种处于相对稳定状态的电荷。它是正、负电荷在局部范围内失去平衡的结果，具有高电位、低电量、小电流和作用时间短的特点。静电放电产生的电火花，往往成为引火源，造成火灾。

（一）引起静电火灾的条件

大量实验表明，只要同时具备以下四个充分和必要条件时，就会引起静电火灾或爆炸事故。

① 周围和空间必须有可燃物存在。

② 具有产生和累积静电的条件。其中包括物体自身或其周围与它相接触物体的静电起电的条件。

③ 静电累积起足够高的静电电位后，将周围的空气介质击穿而产生放电，构成放电的条件。

④ 静电放电的能量大于或等于可燃物的最小点火能量。

（二）防止静电的基本措施

根据形成静电火灾的基本条件，若控制任意一条件，则会防止静电火灾事故。

1. 控制静电场合的危险程度

① 用非可燃物取代易燃介质（在清洗机器设备的零件时和在精密加工去油过程中，用非燃烧性的洗涤剂取代煤油或汽油，会减少静电危害的可能性）。

② 降低爆炸混合物在空气中的浓度。

③ 减少氧含量或采取强制通风措施（减少空气中的氧含量可使用惰性气体，在一般的条件下，氧含量不超过8%时就不会使可燃物引起燃烧和爆炸。一旦可燃物接近爆炸浓度时采用强制通风的办法，使可燃物被抽走，新空气得到补充，则不会引起事故）。

2. 减少静电荷的产生

① 正确地选择材料（选择不容易起电的材料、根据带电序列选用不同材料、选用吸湿性材料）。

② 改革工艺的操作方法、操作程序等。

③ 降低摩擦速度和流速。

④ 减少特殊操作中的静电。

⑤ 减少静电荷的积累（增加空气的相对湿度、采用抗静电添加剂、采用静电消除器防止带电）。

⑥ 防止人体静电（人体接地、防止穿衣和佩戴物带电）。

第三节　电气防爆

一、爆炸危险环境

在大气条件下，气体、蒸气、薄雾、粉尘或纤维状的易燃物质与空气混合，点燃后燃烧能在整个范围内传播的混合物称为爆炸性混合物。能形成上述爆炸性混合物的物质称为爆炸危险物质。凡有爆炸性混合物出现或可能有爆炸性混合物出现，且出现的量足以要求对电气设备和电气线路的结构、安装、运行采取防爆措施的环境称为爆炸危险环境。爆炸危险物质分为以下三类：I 类：矿井甲烷；II 类：爆炸性气体、蒸气、薄雾；III类：爆炸性粉尘、纤维。

（一）气体、蒸气爆炸危险环境

① 0 区是指正常运行时连续出现或长时间出现或短时间频繁出现的爆炸性气体、蒸气或薄雾的区域。除了装有危险物质的封闭空间（如密闭的容器、贮油罐等内部气体空间）外，很少存在 0 区。

② 1 区是指正常运行时可能出现（预计周期性出现或偶然出现）的爆炸性气体、蒸气或薄雾的区域。

③ 2 区是指正常运行时不出现，即使出现也只可能是短时间偶然出现的爆炸性气体、蒸气或薄雾的区域。

（二）粉尘、纤维爆炸危险环境

① 10 区是指正常运行时连续或长时间或短时间频繁出现爆炸性粉尘、纤维的区域。

② 11 区是指正常运行时不出现，仅在不正常运行时短时间偶然出现爆炸性粉尘、纤维的区域。

（三）火灾危险环境

火灾危险环境分为 21 区、22 区和 23 区，分别是有闪点高于环境温度的可燃液体、悬浮或堆积状的可燃粉体或纤维和可燃固体存在，且在数量和配置上能引起的火灾危险的环境。

二、防爆电气线路和防爆电气设备

（一）防爆电气线路

在爆炸危险环境中，电气线路安装位置的选择、敷设方式的选择、导体材质的选择、连接方法的选择等均应根据环境的危险等级进行。

1. 位置选择

应当在爆炸危险性较小或距离释放源较远的位置敷设电气线路。

2. 敷设方式选择

爆炸危险环境中电气线路主要有防爆钢管配线和电缆配线。

3. 隔离密封

敷设电气线路的沟道以及保护管、电缆或钢管在穿过爆炸危险环境等级不同的区域之间的隔墙或楼板时，应采用非燃性材料严密堵塞。

4. 导线材料选择

爆炸危险环境危险等级 1 区的范围内，配电线路应采用铜芯导线或电缆。在有剧烈振动处应选用多股铜芯软线或多股铜芯电缆。煤矿井下不得采用铝芯电力电缆。

爆炸危险环境危险等级 2 区的范围内，电力线路应采用截面积 4 平方毫米及以上的铝芯导线或电缆，照明线路可采用截面积 2.5 平方毫米及以上的铝芯导线或电缆。

5. 允许载流量

1 区、2 区绝缘导线截面和电缆截面的选择，导体允许载流量不应小于熔断器熔体额定电流和断路器长延时过电流脱扣器整定电流的 1.25 倍。引向低压笼型感应电动机支线的允许载流量不应小于电动机额定电流的 1.25 倍。

6. 电气线路的连接

1 区和 2 区的电气线路的中间接头必须在与该危险环境相适应的防爆型的接线盒或接头盒附近的内部。1 区宜采用隔爆型接线盒，2 区可采用增安型接线盒。

2 区的电气线路若选用铝芯电缆或导线时，必须有可靠的用铜铝过渡接头。

（二）防爆电气设备

1. 防爆电气设备类型

① 隔爆型（d）。具有隔爆外壳的电气设备，是指把能点燃爆炸性混合物的部件封

闭在一个外壳内，该外壳能承受内部爆炸性混合物的爆炸压力并阻止向周围的爆炸性混合物传爆的电气设备。

② 增安型（e）。正常运行条件下，不会产生点燃爆炸性混合物的火花或危险温度，并在结构上采取措施，提高其安全程度，以避免在正常和规定过载条件下出现点燃现象的电气设备。

③ 本质安全型（i）。在正常运行或在标准实验条件下所产生的火花或热效应均不能点燃爆炸性混合物的电气设备。

④ 正压型（p）。具有保护外壳，且壳内充有保护气体，其压力保持高于周围爆炸性混合物气体的压力，以避免外部爆炸性混合物进入外壳内部的电气设备。

⑤ 充油型（o）。全部或某些带电部件浸在油中使之不能点燃油面以上或外壳周围的爆炸性混合物的电气设备。

⑥ 充砂型（q）。外壳内充填细颗粒材料，以便在规定使用条件下，外壳内产生的电弧、火焰传播，壳壁或颗粒材料表现的过热温度均不能够点燃周围的爆炸性混合物的电气设备。

⑦ 无火花型（n）。在正常运行条件下不产生电弧或火花，也不产生能够点燃周围爆炸性混合物的高温表面或灼热点，且一般不会发生有点燃作用的故障的电气设备。

⑧ 防爆特殊型（s）。在结构上不属于上述各型，而是采取其他防爆形式的电气设备。例如，将可能引起爆炸性混合物爆炸的部分设备装在特殊的隔离室内或在设备外壳内填充石英砂等。

⑨ 浇封型（m）。它是防爆型的一种。将可能产生点燃爆炸性混合物的电弧、火花或高温的部分浇封在浇封剂中，在正常运行和认可的过载或认可的故障下不能点燃周围的爆炸性混合物的电气设备。

2. 危险环境的电气设备选型

应根据电气设备安装环境的类型和等级、电气设备的种类选用防爆型电气设备。所选用的防爆电气设备的级别和组别不应低于该环境内爆炸性混合物的级别和组别。

第五章

建筑防火

Jianzhu Fanghuo

第一节　建筑火灾的发展和蔓延规律

建筑火灾发展规律有它的客观过程，在一定的原因下发生，在一定的条件下发展，到一定程度开始衰减。火灾初起通常是局部的、缓慢的，但随着热量聚集而愈烧愈烈，当达到最大值时，在某种作用下又逐渐衰落，甚至熄灭。研究建筑火灾的发展与蔓延，目的在于掌握其内在规律，以便采取相应的消防对策，保障建筑消防安全。

一、建筑火灾的发展过程

建筑火灾发展呈一定的规律，最初是发生在建筑物内的某个房间或局部区域，然后由此蔓延到相邻房间区域，以至整个楼层，最后蔓延到整个建筑物。通常，根据室内火灾温度随时间的变化特点，将其火灾发展分成初起、成长发展、猛烈、衰减四个阶段，如图 5-1 所示。

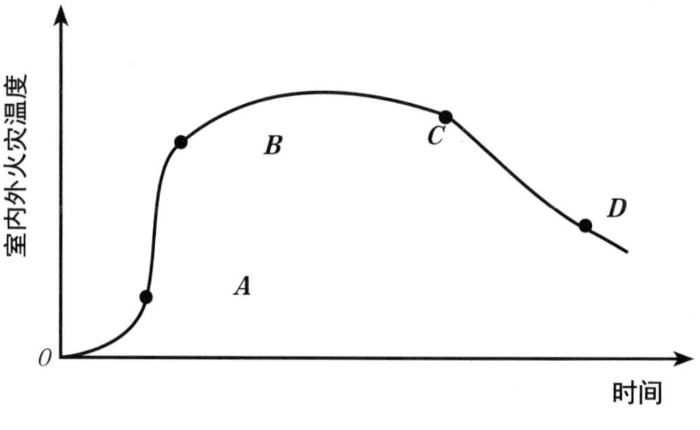

图 5-1　以时间－温度曲线表示的建筑火灾发展示意图

（一）火灾初起阶段

建筑物发生火灾后，最初阶段（图 5-1 中 *OA* 段）只是起火部位及其周围可燃物着火燃烧，这时火灾燃烧状况好像在敞开的空间进行一样。火灾初起阶段的特点是：火灾燃烧面积不大，火灾仅限于初始起火点附近；室内温度差别大，在燃烧区域及其附近存在高温，而室内平均温度不高；火灾发展速度缓慢，火势不够稳定，它的持续时

阶段温度高、时间长的特点，在建筑防火中应采取的主要措施是：在建筑物内设置具有一定耐火性能的防火分隔物，把火灾控制在一定的范围之内，防止火灾大面积蔓延；适当地选用耐火时间较长的建筑结构，使其在猛烈的火焰作用下，保持应有的强度和稳定性，确保建筑物发生火灾时不倒塌，为火灾时人员疏散、消防队扑救火灾，以及火灾后建筑物修复、继续使用创造条件。

（四）火灾衰减阶段

经过猛烈燃烧之后，室内可燃物大都被烧尽，火灾燃烧速度递减，温度逐渐下降，燃烧向着自行熄灭的方向发展。一般把室内平均温度降到温度最高值的 80%时，作为猛烈燃烧阶段与衰减阶段（图 5-1 中 *CD* 段）的分界。该阶段虽然有燃烧停止，但在较长时间火场的余热还能维持一段时间的高温，在 200 ～ 300 摄氏度。衰减阶段温度下降速度是比较慢的. 当可燃物基本烧光之后，火势即趋于熄灭。针对该阶段的特点，应注意防止建筑构件因较长时间受高温作用和灭火射水的冷却作用而出现裂缝、下沉、倾斜或倒塌破坏，确保消防人员的人身安全。

由此可见，火灾在初起阶段容易控制和扑灭，如果发展到猛烈阶段，不仅需要动用大量的人力和物力进行扑救，而且可能造成严重的人员伤亡和财产损失。

二、建筑火灾蔓延的方式和途径

（一）建筑火灾蔓延的方式

建筑火灾蔓延是通过热的传播进行的。在起火房间内，火由起火点开始，主要是靠直接燃烧和热的辐射进行扩大蔓延的。在起火的建筑物内，火由起火房间转移到其他房间的过程，主要是靠可燃构件的直接燃烧、热的传导、热的辐射和热对流的方式实现的。

1．热传导

在起火房间燃烧产生的热量，通过热传导的方式蔓延扩大的火灾，有两个比较明显的特点：一是热量必须经导热性能好的建筑构件或建筑设备，如金属构件、金属设备或薄壁隔墙等的传导，使火灾蔓延到相邻上下层房间；二是蔓延的距离较近，一般只能是相邻的建筑空间。可见通过传导蔓延扩大的火灾，其规模是有限的。

2．热辐射

在火场上，起火建筑物能将距离较近的相邻建筑物烤着燃烧，这就是热辐射的作用。热辐射是相邻建筑之间火灾蔓延的主要方式，同时也是起火房间内部燃烧蔓延的主要方式之一。建筑防火中的防火间距，主要是考虑预防热辐射引起相邻建筑着火而设置的间隔距离。

3．热对流

热对流是建筑物内火灾蔓延的一种主要方式。它可以使火灾区域的高温燃烧产物与火灾区域外的冷空气发生强烈流动，将高温燃烧产物流传到较远处，造成火势扩大。燃烧时烟气热而轻，易上窜升腾，燃烧又需要空气，这时冷空气就会补充，形成对流。建筑物发生轰然后，火灾可能从起火房间烧毁门窗，门窗破坏，形成了良好的通风条件，使燃烧更加剧烈，升温更快，此时，房间内外的压差更大，因而流入走廊、喷出窗外的烟火，喷流速度更快，数量更多。烟火进入走廊后，在更大范围内进行热对流，除了在水平方向对流蔓延外，火灾在竖向管道井也是由热对流方式蔓延的。

（二）建筑火灾蔓延的途径

研究火灾蔓延途径是设置防火分隔的依据。综合建筑火灾实际的发展过程，可以看出火从起火房间向外蔓延的途径，主要有以下几方面。

1．火灾在水平方向的蔓延

烟火从起火房间的门窜出后，首先进入室内走廊，如果与起火房间依次相邻房间内的门没关闭，就会进入这些房间，将室内物品烤燃。如果这些房间的门没开启，则烟火要待房间的门被烧穿以后才能进入。即使在走道和楼梯间没有任何可燃物的情况下，高温热对流仍可从一个房间经过走道传到另一房间。造成火灾沿水平方向蔓延扩大的主要途径和原因包括：

（1）未设防火分区

对于主体为耐火结构的建筑来说，造成水平蔓延的主要原因之一是建筑物内未设水平防火分区，没有防火墙及相应的防火门等形成控制火灾的区域。

（2）洞口分隔不完善

对于耐火建筑来说，火灾水平蔓延的另一途径是洞口处的分隔处理不完善。如户门为可燃的木质门，火灾时被烧穿；普通防火卷帘无水幕保护，导致卷帘失去隔火作用；管道穿孔处未用不燃材料密封等，都能使火灾从一侧向另一侧蔓延。

（3）火灾在吊顶内部空间蔓延

有不少装设吊顶的建筑，房间与房间、房间与走廊之间的分隔墙只做到吊顶底部，吊顶上部仍为连通空间，一旦起火极易在吊顶内部蔓延，且难以及时发现，导致灾情扩大。就是没有设吊顶，隔墙如不砌到结构底部，留有孔洞或连通空间，也会成为火灾蔓延和烟气扩散的途径。

（4）火灾通过可燃的隔墙、吊顶、地毯等蔓延

可燃构件与装饰物在火灾时直接成为火灾荷载，由于它们的燃烧因而导致火灾扩大。

2. 火灾通过竖井蔓延

建筑物内部有大量的电梯、楼梯、设备等竖井，这些竖井往往贯穿整个建筑，若未作周密完善的防火分隔，一旦发生火灾，烟火就可以通过竖井垂直方向蔓延到建筑的其他楼层。

（1）火灾通过楼梯间蔓延

建筑的楼梯间，若未按防火、防烟要求进行分隔处理，则在火灾时犹如烟囱一般，烟火很快会由此向上蔓延。

（2）火灾通过电梯井蔓延

电梯间未设防烟前室及防火门分隔，在其井道形成一座座竖向“烟囱”，发生火灾时则会抽拔烟火，导致火灾沿电梯井迅速向上蔓延。

（3）火灾通过其他竖井蔓延

建筑中的通风竖井、管道井、电缆井、垃圾井也是建筑火灾蔓延的主要途径。此外，垃圾道内存在很多可燃物，是容易着火的部位，也是火势蔓延的主要通道。

3. 火灾由窗口向上层蔓延

在现代建筑中，从起火房间窗口喷出的烟气和火焰，往往会沿窗间墙及上层窗口向上蹿越，烧毁上层窗户，引燃房间内的可燃物，使火灾蔓延到上部楼层。若建筑物采用带形窗，火灾房间喷出的火焰被吸附在建筑物表面，有时甚至会卷入上层窗户内部。

4. 火灾通过空调系统管道蔓延

建筑空调系统未按规定设防火阀、采用可燃材料风管或采用可燃材料做保温层都容易造成火灾蔓延。

通风管道蔓延火灾一般有两种方式：一是通风管道本身起火并向连通的空间（房间、吊顶、内部、机房等）蔓延；二是通风管道把起火房间的烟火送到其他空间，使在远离火场的其他空间再喷吐出来，造成大量人员因烟气中毒而死亡。因此，在通风管道穿通防火分区处，一定要设置具有自动关闭功能的防火阀门。

可见，在建筑内搞好防火分隔，对于阻止火势蔓延和保证人员安全，减少火灾损失，具有十分重要的作用。

第二节 建筑材料的燃烧性能分级、建筑物耐火等级

一、建筑材料燃烧性能分级

（一）建筑材料燃烧性能的含义

建筑材料的燃烧性能是指当材料燃烧或遇火时所发生的一切物理和（或）化学变化。

建筑材料的燃烧性能是依据在明火或高温作用下，材料表面的着火性和火焰传播性、发烟、炭化、失重以及毒性生成物的产生等特性来衡量，它是评价材料防火性能的一项重要指标。

（二）建筑材料燃烧性能分级

根据材料燃烧火焰传播速率、材料燃烧热释放速率、材料燃烧热释放量、材料燃烧烟气浓度、材料燃烧烟气毒性等材料的燃烧特性参数，《建筑材料及制品燃烧性能分级》(GB 8624—2006），将建筑材料的燃烧性能分为A1、A2、B、C、D、E、F七个级别。

1. A1级材料

A1级材料是指对包括充分发展火灾在内的所有火灾阶段都不会作出贡献，如无机矿物材料等。

2. A2级材料

A2级材料是指在充分发展火灾条件下，它对火灾荷载和火势增长不会产生明显增加，如金属材料等。

3. B级材料

B级材料是指在受到单一燃烧物的热攻击下，产生少量的横向火焰蔓延，其本身单独不会导致轰燃。如用有机物填充的混凝土和水泥刨花板等。

4. C级材料

C级材料是指在单体燃烧试验火源的热轰击下试样产生有限的横向火焰传播。

5. D级材料

D级材料是指在较长时间内能阻挡小火焰轰击而无明显火焰传播的制品。此外，它还能承受单体燃烧试验火源的热轰击，伴随产生足够滞后且有限的热释放量。

6. E 级材料

E 级材料是指短时间内能阻挡小火焰轰击而无明显火焰传播的材料。

7. F 级材料

F 级材料是指未作燃烧性能试验的材料和不符合 A1、A2、B、C、D、E 级的材料。如各类天然木材、木制人造板、竹材、纸制装饰板等。

二、建筑构件的燃烧性能和耐火极限

建筑构件是指构成建筑物的基础、墙体或柱、楼板、楼梯、门窗、屋顶承重构件等各个部分。建筑构件的燃烧性能和耐火极限是判定建筑构件承受火灾能力的两个基本要素。

（一）建筑构件的燃烧性能

建筑构件的燃烧性能是由制成建筑构件的材料的燃烧性能来决定的。因此，建筑构件的燃烧性能取决于制成建筑构件的材料的燃烧性能。

根据建筑材料的燃烧性能不同，建筑构件的燃烧性能分为以下三类：

1. 不燃烧体

不燃烧体是指用不燃材料做成的建筑构件。如砖墙体、钢筋混凝土梁或楼板、钢屋架等构件。

2. 难燃烧体

难燃烧体是指用难燃材料做成的建筑构件或用可燃材料做成而用不燃材料做保护层的建筑构件。如经阻燃处理的木质防火门、木龙骨板条抹灰隔墙体、水泥刨花板等。

3. 燃烧体

燃烧体是指用可燃材料做成的建筑构件。如木柱、木屋架、木梁、木楼板等构件。

（二）建筑构件的耐火极限

建筑构件起火或受热失去稳定性，能使建筑物倒塌，造成人员伤亡和损失增大。为了安全疏散人员、抢救物质和扑灭火灾，要求建筑物应具有一定的耐火能力。建筑物耐火的能力取决于建筑构件的耐火极限。

1. 建筑构件耐火极限的含义

建筑构件的耐火极限是指在标准耐火试验条件下，建筑构件、配件或结构从受到火的作用时起，到失去稳定性、完整性或隔热性时止的这段时间，一般用小时表示。

2. 建筑构件耐火极限的判定条件

判定建筑构件是否达到了耐火极限有以下三个条件，当任一条件出现时，都表明该建筑构件达到了耐火极限。

（1）失去稳定性

失去稳定性，即构件失去支持能力，是指构件在受到火焰或高温作用下，由于构件材质性能的变化，自身解体或垮塌，使承载能力和刚度降低，承受不了原设计的荷载而破坏。如受火作用后钢筋混凝土梁失去支承能力、非承重构件自身解体或垮塌等，均属于失去支持能力的象征。

（2） 失去完整性

失去完整性，即构件完整性被破坏，是指薄壁分隔构件在火灾高温作用下，发生爆裂或局部塌落，形成穿透裂缝或孔隙，火焰穿过构件，使其背火面可燃物起火。如受火作用后的板条抹灰墙，内部可燃板条先行自燃，一定时间后其背火面的抹灰层龟裂脱落，引起燃烧起火。

（3） 失去隔热性

失去隔热性，即构件失去隔火作用，是指具有分隔作用的构件，背火面任一点的温度达到220摄氏度时，构件失去隔火作用。以背火面温度升高到220摄氏度作为界限，主要是因为构件上如果出现穿透裂缝，火能通过裂缝蔓延，或者构件背火面的温度达到220摄氏度，这时虽然没有火焰过去，但这种温度已经能够使靠近构件背面的纤维制品自燃了。如纤维系列的棉花、纸张、化纤品等一些燃点较低的可燃物烤焦以致起火。

3．主要构件耐火极限的影响因素

墙体的耐火极限与其材料和厚度有关；柱的耐火极限与其材料及截面尺度有关。钢柱虽为不燃烧体，但有无保护层可使其耐火极限差别很大。钢筋混凝土柱和砖柱都属不燃烧体，其耐火极限是随其截面的加大而上升；现浇整体式肋形钢筋混凝土楼板为不燃材料，其耐火极限取决于钢筋保护层的厚度。

三、建筑耐火等级

（一）建筑耐火等级的含义

建筑耐火等级指根据有关规范或标准的规定，建筑物、构筑物或建筑构件、配件、材料所应达到的耐火性分级。

建筑耐火等级是衡量建筑物耐火程度的标准，它是由组成建筑物的墙体、柱、梁、楼板等主要构件的燃烧性能和最低耐火极限决定的。

（二）建筑耐火等级的划分

1．建筑耐火等级划分的目的

划分建筑耐火等级的目的，在于根据建筑物的不同用途提出不同的耐火等级要求，做到既有利于安全，又有利于节约投资。大量火灾案例表明，耐火等级高的建筑，火灾时烧坏、倒塌的很少，造成的损失也小，而耐火等级低的建筑，火灾时不耐火，燃烧快，损失也大。因此，为了确保基本建筑构件能在一定的时间内不破坏、不传播火焰，从而起到延缓或阻止火势蔓延的作用，并为人员的疏散、物资的抢救和火灾的扑灭赢得时间以及为火灾后结构修复创造条件，应根据建筑物的使用性质确定其相应的耐火等级。

2．建筑耐火等级的划分依据

我国现行国家有关标准选择楼板作为确定建筑构件耐火极限的基准。因为在诸多建筑构件中楼板是最具代表性的一种至关重要的构件。楼板作为直接承受人和物的构件，其耐火极限的高低对建筑物的损失和室内人员在火灾情况下的疏散有极大的影响。在制定分级标准时，首先确定各耐火等级建筑物中楼板的耐火极限，然后将其他建筑构件与楼板相比较，在建筑结构中所占的地位比楼板重要者，其耐火极限应高于楼板；比楼板次要者，其耐火极限可适当降低。

3．建筑耐火等级的划分

按照建筑设计、施工及建筑结构的实际情况，并参考国外划分耐火等级的经验，我国建筑耐火等级的划分情况如下：

现行国家标准《建筑设计防火规范》（GB 50016）将建筑耐火等级从高到低划分为以下四类：一级耐火等级、二级耐火等级、三级耐火等级、四级耐火等级。其中厂房、仓库的建筑构件的燃烧性能和耐火极限不应低于表 5-1 的要求，单层、多层民用建筑的建筑构件的燃烧性能和耐火极限不应低于表 5-2 的要求。

现行国家标准《高层民用建筑设计防火规范》（GB 50045）将建筑耐火等级从高到低划分为一级耐火等级和二级耐火等级两类，其建筑构件的燃烧性能和耐火极限不应低于表 5-3 的要求。

（三）建筑构件燃烧性能、耐火极限与建筑耐火等级之间的关系

建筑构件的燃烧性能、耐火极限与建筑耐火等级三者之间有着密切的关系。在同样厚度和截面尺寸条件下，不燃烧体与燃烧体相比，前者的耐火等级肯定比后者高许多。不同耐火等级的建筑物除规定了建筑构件最低耐火极限外，对其燃烧性能也有具体要求，概括起来是：一级耐火等级建筑的主要构件，都是不燃烧体；二级耐火等级建筑的主要构件，除吊顶为难燃烧体外，其余构件都是不燃烧体；三级耐火等级建筑的构件，除吊顶和隔墙体为难燃烧体外，其余构件为不燃烧体；四级耐火等级建筑的构件，除防火墙体外其余构件有的用难燃烧体，有的用燃烧体。

表 5-1　厂房（仓库）建筑构件的燃烧性能和耐火极限　单位：h

构件名称		耐火等级			
		一级	二级	三级	四级
墙	防火墙	不燃烧体 3.00	不燃烧体 3.00	不燃烧体 3.00	不燃烧体 3.00
	承重墙	不燃烧体 3.00	不燃烧体 2.50	不燃烧体 2.00	难燃烧体 0.50
	楼梯间和电梯井的墙	不燃烧体 2.00	不燃烧体 2.00	不燃烧体 1.50	难燃烧体 0.50
	疏散走道两侧的隔墙	不燃烧体 1.00	不燃烧体 1.00	不燃烧体 0.50	难燃烧体 0.25
	非承重外墙	不燃烧体 0.75	不燃烧体 0.50	难燃烧体 0.50	难燃烧体 0.25
	房间隔墙	不燃烧体 0.75	不燃烧体 0.50	难燃烧体 0.50	难燃烧体 0.25
柱		不燃烧体 3.00	不燃烧体 2.50	不燃烧体 2.00	难燃烧体 0.50
梁		不燃烧体 2.00	不燃烧体 1.50	不燃烧体 1.00	难燃烧体 0.50
楼板		不燃烧体 1.50	不燃烧体 1.00	不燃烧体 0.75	难燃烧体 0.50
屋顶承重构件		不燃烧体 1.50	不燃烧体 1.00	难燃烧体 0.50	燃烧体
疏散楼梯		不燃烧体 1.50	不燃烧体 1.00	不燃烧体 0.75	燃烧体
吊顶（包括吊顶搁栅）		不燃烧体 0.25	难燃烧体 0.25	难燃烧体 0.15	燃烧体

注：二级耐火等级建筑的吊顶采用不燃烧体时，其耐火极限不限。

表 5-2　单层、多层民用建筑建筑构件的燃烧性能和耐火极限　单位：h

构件名称		耐火等级			
		一级	二级	三级	四级
墙	防火墙	不燃烧体 3.00	不燃烧体 3.00	不燃烧体 3.00	不燃烧体 3.00
	承重墙	不燃烧体 3.00	不燃烧体 2.50	不燃烧体 2.00	难燃烧体 0.50
	非承重外墙	不燃烧体 1.00	不燃烧体 1.00	不燃烧体 0.50	燃烧体
	楼梯间的墙 电梯井的墙 住宅单元之间的墙 住宅分户墙	不燃烧体 2.00	不燃烧体 2.00	不燃烧体 1.50	难燃烧体 0.50
	疏散走道两侧的隔墙	不燃烧体 1.00	不燃烧体 1.00	不燃烧体 0.50	难燃烧体 0.25
	房间隔墙	不燃烧体 0.75	不燃烧体 0.50	难燃烧体 0.50	难燃烧体 0.25
柱		不燃烧体 3.00	不燃烧体 2.50	不燃烧体 2.00	难燃烧体 0.50
梁		不燃烧体 2.00	不燃烧体 1.50	不燃烧体 1.00	难燃烧体 0.50
楼板		不燃烧体 1.50	不燃烧体 1.00	不燃烧体 0.50	燃烧体
屋顶承重构件		不燃烧体 1.50	不燃烧体 1.00	燃烧体	燃烧体
疏散楼梯		不燃烧体 1.50	不燃烧体 1.00	不燃烧体 0.50	燃烧体
吊顶（包括吊顶搁栅）		不燃烧体 0.25	难燃烧体 0.25	难燃烧体 0.15	燃烧体

注：（1）除本规范另有规定者外，以木柱承重且以不燃烧材料作为墙体的建筑物，其耐火等级应按四级确定。

（2）二级耐火等级建筑的吊顶采用不燃烧体时，其耐火极限不限。

（3）在二级耐火等级的建筑中，面积不超过 100 平方米的房间隔墙，如执行本表的规定确有困难时，可采用耐火极限不低于 0.3 小时的不燃烧体。

（4）一、二级耐火等级建筑疏散走道两侧的隔墙，按本表规定执行确有困难时，可采用 0.75 小时不燃烧体。

（5）住宅建筑构件的耐火极限和燃烧性能可按现行国家标准《住宅建筑规范》（GB 50368）的规定执行。

表 5-3 高层民用建筑的建筑构件的燃烧性能和耐火极限 单位：h

构件名称		耐火等级	
		一级	二级
墙	防火墙	不燃烧体 3.00	不燃烧体 3.00
	承重墙、楼梯间的墙、电梯井的墙、住宅单元之间的墙、住宅分户墙	不燃烧体 2.00	不燃烧体 2.00
	非承重外墙、疏散走道两侧的隔墙	不燃烧体 1.00	不燃烧体 1.00
	房间隔墙	不燃烧体 0.75	不燃烧体 0.50
柱		不燃烧体 3.00	不燃烧体 2.50
梁		不燃烧体 2.00	不燃烧体 1.50
楼板、疏散楼梯、屋顶承重构件		不燃烧体 1.50	不燃烧体 1.00
吊顶		不燃烧体 0.25	难燃烧体 0.25

（四）建筑耐火等级的选定

建筑耐火等级的选择主要根据建筑物的重要性、建筑物的高度和其在使用中的火灾危险性进行确定，具体应符合国家消防技术标准的有关规定。如一类高层民用建筑耐火等级应为一级，二类高层民用建筑耐火等级不应低于二级，裙房的耐火等级不应低于二级，高层民用建筑地下室的耐火等级应为一级。

（五）建筑耐火等级的检查评定

在实践中检查评定建筑物的耐火等级，可根据建筑结构类型进行判定。通常情况下，钢筋混凝土的框架结构及板墙结构、砖混结构，可定为一、二级耐火等级建筑；用木结构屋顶、钢筋混凝土楼板和砖墙组成的砖木结构，可定为三级耐火等级建筑；以木柱、木屋架承重，难燃烧体楼板和墙的可燃结构建筑可定为四级耐火等级建筑。

第三节 生产和储存物品的火灾危险性分类

一、生产的火灾危险性

生产的火灾危险性应根据生产中使用或产生的物质性质及其数量等因素，分为甲、乙、丙、丁、戊类，并应符合表 5-4 的规定。

二、储存物品的火灾危险性

储存物品的火灾危险性应根据储存物品的性质和储存物品中的可燃物数量等因素，分为甲、乙、丙、丁、戊类，并应符合表 5-5 的规定。

表 5-4　生产的火灾危险性分类

生产类别	使用或产生下列物质的生产的火灾危险性特征
甲	1．闪点小于 28 摄氏度的液体
	2．爆炸下限小于 10%的气体
	3．常温下能自行分解或在空气中氧化能导致迅速自燃或爆炸的物质
	4．常温下受到水或空气中水蒸气的作用，能产生可燃气体并引起燃烧或爆炸的物质
	5．遇酸、受热、撞击、摩擦、催化以及遇有机物或硫磺等易燃的无机物，极易引起燃烧或爆炸的强氧化剂
	6．受撞击、摩擦或与氧化剂、有机物接触时能引起燃烧或爆炸的物质
	7．在密闭设备内操作温度大于等于物质本身自燃点的生产
乙	1．闪点大于等于 28 摄氏度，但小于 60 摄氏度的液体
	2．爆炸下限大于等于 10%的气体
	3．不属于甲类的氧化剂
	4．不属于甲类的化学易燃危险固体
	5．助燃气体
	6．能与空气形成爆炸性混合物的浮游状态的粉尘、纤维、闪点大于等于 60 摄氏度的液体雾滴
丙	1．闪点大于等于 60 摄氏度的液体
	2．可燃固体
丁	1．对不燃烧物质进行加工，并在高温或熔化状态下经常产生强辐射热、火花或火焰的生产
	2．利用气体、液体、固体作为燃料或将气体、液体进行燃烧作其他用的各种生产
	3．常温下使用或加工难燃烧物质的生产
戊	常温下使用或加工不燃烧物质的生产

表 5-5　储存物品的火灾危险性分类

仓库类别	储存物品的火灾危险性特征
甲	1．闪点小于 28 摄氏度的液体
	2．爆炸下限小于 10%的气体，以及受到水或空气中水蒸气的作用，能产生爆炸下限小于 10%气体的固体物质
	3．常温下能自行分解或在空气中氧化能导致迅速自燃或爆炸的物质
	4．常温下受到水或空气中水蒸气的作用，能产生可燃气体并引起燃烧或爆炸的物质
	5．遇酸、受热、撞击、摩擦以及遇有机物或硫磺等易燃的无机物，极易引起燃烧或爆炸的强氧化剂
	6．受撞击、摩擦或与氧化剂、有机物接触时能引起燃烧或爆炸的物质
乙	1．闪点大于等于 28 摄氏度，但小于 60 摄氏度的液体
	2．爆炸下限大于等于 10%的气体
	3．不属于甲类的氧化剂
	4．不属于甲类的化学易燃危险固体
	5．助燃气体
	6．常温下与空气接触能缓慢氧化，积热不散引起自燃的物品
丙	1．闪点大于等于 60 摄氏度的液体
	2．可燃固体
丁	难燃烧物品
戊	不燃烧物品

第四节 建筑总平面布局

建筑总平面布局是建筑防火需考虑的一项重要内容，其要满足城市规划和消防安全的要求。通常应根据建筑物的使用性质、生产经营规模、建筑高度、建筑体积及火灾危险性、所处的环境、地形、风向等因素，合理确定其建筑位置、防火间距、消防车道和消防水源等，以消除或减少建筑物之间及周边环境的相互影响和火灾危害。

一、建筑选址

（一）周围环境选择

各类建筑在规划建设时，要考虑周围环境的相互影响。特别是工厂、仓库选址时，既要考虑单位的安全，又要考虑邻近的企业和居民的安全。生产、储存和装卸易燃易爆危险物品的工厂、仓库和专用车站、码头，必须设置在城市的边缘或者相对独立的安全地带。易燃易爆气体和液体的充装站、供应站、调压站，应当设置在合理的位置，符合防火防爆要求。

（二）地势条件选择

建筑选址时，还要充分考虑和利用自然地形、地势条件。甲、乙、丙类液体的仓库，宜布置在地势较低的地方，以免火灾对周围环境造成威胁。遇水产生可燃气体容易发生火灾爆炸的企业，严禁布置在可能被水淹没的地方。生产、贮存爆炸物品的企业，宜利用地形，选择多面环山，附近没有建筑的地方。

（三）考虑主导风向

散发可燃气体、可燃蒸气和可燃粉尘的车间、装置等，宜布置在明火或散发火花地点的常年主导风向的下风或侧风向。液化石油气储罐区宜布置在本单位或本地区全年最小频率风向的上风侧，并选择通风良好的地点独立设置。易燃材料的露天堆场宜设置在天然水源充足的地方，并宜布置在本单位或本地区全年最小频率风向的上风侧。

（四）划分功能区

规模较大的企业，要根据实际需要，合理划分生产区、储存区（包括露天储存区）、生产辅助设施区、行政办公和生活福利区等。同一企业内，若有不同火灾危险的生产建筑，则应尽量将火灾危险性相同的或相近的建筑集中布置，以利采取防火防爆措施，便于安全管理。易燃、易爆的工厂、仓库的生产区、储存区内不得修建办公楼、宿舍等民用建筑。

二、防火间距

（一）防火间距的含义

防止着火建筑的辐射热在一定时间内引燃相邻建筑，且便于消防扑救的间隔距离称为防火间距。

为了防止建筑物发生火灾后，因热辐射等作用向相邻建筑物之间相互蔓延，并为消防扑救创造条件，各类建（构）筑物、堆场、贮罐、电力设施等之间应保持一定的防火间距。

（二）防火间距的影响因素

影响防火间距的因素较多、条件各异，从火灾蔓延角度看，主要有热辐射、热对流、风向与风速、外墙材料的燃烧性能及其开口面积大小、室内堆放的可燃物种类及数量、相邻建筑物的高度、室内消防设施情况、消防扑救力量等。

（三）防火间距的确定

在综合考虑满足扑救火灾需要，防止火势向邻近建筑蔓延扩大以及节约用地等因素基础上，现行国家标准《建筑设计防火规范》（GB 50016）、《高层民用建筑设计防火规范》（GB 50045）、《汽车库、修车库、停车场设计防火规范》（GB 50067）等对各类建（构）筑物、堆场、贮罐、电力设施等之间的防火间距均作了具体规定。

三、消防车道和消防扑救面

（一）消防车道

1. 设置消防车道的目的

设置消防车通道的目的是为了保证发生火灾时，消防车能畅通无阻，迅速到达火场，及时扑灭火灾，减少火灾损失。

2. 消防车道的设置

消防车道的设置应考虑消防车的通行，并满足灭火和抢险救援的需要。消防车道的具体设置应符合国家有关消防技术标准的规定。

（二）消防扑救面

1. 消防扑救面的含义

消防扑救面是指登高消防车能靠近高层主体建筑，便于消防车作业和消防人员进入高层建筑进行救人和灭火的建筑立面。

2. 消防扑救面的设置

高层民用建筑和高层工业建筑应设置消防扑救面，其具体设置要求应符合现行国家标准《高层民用建筑设计防火规范》（GB 50045）、《建筑设计防火规范》（GB 50016）的有关规定。

第五节 建筑防火、防烟分区

一、建筑防火分区

（一）建筑防火分区的含义

所谓防火分区是指在建筑内部采用防火墙、耐火楼板及其他防火分隔设施分隔而成，能在一定时间内防止火灾向同一建筑的其余部分蔓延的局部空间。

（二）划分防火分区的目的

建筑防火分区是控制建筑物火灾的基本空间单元。当建筑物的某空间发生火灾，火势便会从门、窗、洞口，沿水平方向和垂直方向向其他部位蔓延扩大，最后发展成为整座建筑的火灾。因此，在建筑物内划分防火分区的目的，就在于发生火灾时将火控制在局部范围内，阻止火势蔓延，以便于人员安全疏散，有利于消防扑救，减少火灾损失。

（三）建筑防火分区的类型

建筑防火分区分为两种：水平防火分区和垂直防火分区。

1. 水平防火分区

所谓水平防火分区是指在同一个水平面（同层）内，采用具有一定耐火能力的防火分隔物（如防火墙或防火门、防火卷帘等），将该楼层在水平方向分隔为若干个防火区域、防火单元，阻止火灾在水平方向蔓延。

2. 垂直防火分区

所谓垂直防火分区是指上、下层分别用一定耐火性能的楼板和窗间墙等构件进行分隔，防止火势沿着建筑物各种竖向通道向上部楼层蔓延。

（四）建筑防火分区的划分原则

防火分区的划分应根据建筑物使用性质、火灾危险性以及建筑物耐火等级、建筑物规模、室内容纳人员和可燃物的数量、消防扑救能力和力量配置、人员疏散难易程度及建设投资等方面进行综合考虑，既要从限制火势蔓延，减少损失方面考虑，又要顾及平时使用管理，以节约投资。具体国家有关消防技术标准对防火分区的最大允许建筑面积都有明确规定。建筑防火分区的划分原则是：

① 分区的划分必须与使用功能的布置相统一。

② 分区应保证安全疏散的正常和优先。

③ 分隔物应首先选用固定分隔物。

④ 越重要、越危险的区域防火分区面积越小。

⑤ 设有自动灭火系统的防火分区，其允许最大建筑面积可按要求增加一倍；当局部设自动灭火系统时，增加面积可按该局部面积的一倍计算。

二、建筑防烟分区

（一）防烟分区的含义

防烟分区是指在建筑屋顶或顶棚、吊顶下采用具有挡烟功能的构配件分隔而成，且具有一定蓄烟的空间。

（二）划分防烟分区的目的

建筑物内应根据需要划分防烟分区，其目的是为了在火灾初期阶段将产生的烟气控制在一定区域内，并通过排烟设施将烟气迅速有组织地排出室外，防止烟气侵入疏散通道或蔓延到其他区域，以满足人员安全疏散和消防扑救的需要。

（三）防烟分区划分构件

防烟分区划分构件可采用：挡烟隔墙、挡烟梁（突出顶棚不小于 50 厘米）、挡烟垂壁（用不燃材料制成，从顶棚下垂不小于 50 厘米的固定或活动的挡烟设施）。

（四）防烟分区的划分原则

防烟分区划分遵循以下原则：

① 防烟分区不应跨越防火分区。

② 每个防烟分区所占据的建筑面积一般应控制在 500 平方米以内，当建筑物顶棚高度在 3 米以上时允许适当扩大，但最大不超过 1 000 平方米。

③ 净空高度超过 6 米的房间，不划分防烟分区，防烟分区的面积等于防火分区的面积。

第六节 防火分隔设施

防火分隔设施是指在一定时间内阻止火势蔓延，把整个建筑内部空间划分成若干较小防火空间的物体。对建筑物进行防火分区必须通过防火分隔设施来实现。防火分隔设施一种是固定式的，如防火墙，另一种是活动式、可启闭的，如防火门、防火卷帘、防火阀等。

一、防火墙

防火墙是防火分区的主要构件，它是由不燃烧材料构成，耐火极限不低于 3 小时。

二、防火门

防火门是设置于防火分区间或防火隔间与疏散走道、安全出口之间，且具有一定耐火极限的防火分隔物，其作用是阻止火势蔓延和烟气扩散，为人员疏散提供安全条件。

防火门有如下分类：

1. 按材质分类

木质防火门，代号：MFM；钢质防火门，代号：GFM；钢木质防火门，代号：GMFM；其他材质防火门，代号：**FM（** 代表其他材质的具体表述大写拼音字母）。

2. 按耐火性能分类

防火门按耐火性能的分类及代号见表 5-6。

3. 防火门的设置要求

防火门的设置应符合下列规定：

① 应具有自闭功能。双扇防火门应具有按顺序关闭的功能。

② 常开防火门应能在火灾时自行关闭，并应有信号反馈的功能。

③ 防火门内外两侧应能手动开启。

④ 设置在变形缝附近时，防火门开启后，其门扇不应跨越变形缝，并应设置在楼层较多的一侧。

表 5-6 防火门按耐火性能的分类及代号

<table>
<tr><th>名称</th><th colspan="2">耐火性能</th><th>代 号</th></tr>
<tr><td rowspan="5">隔热
防火门
（A 类）</td><td colspan="2">耐火隔热性≥ 0.50 h
耐火完整性≥ 0.50 h</td><td>A0.50（丙级）</td></tr>
<tr><td colspan="2">耐火隔热性≥ 1.00 h
耐火完整性≥ 1.00h</td><td>A1.00（乙级）</td></tr>
<tr><td colspan="2">耐火隔热性≥ 1.50 h
耐火完整性≥ 1.50 h</td><td>A1.50（甲级）</td></tr>
<tr><td colspan="2">耐火隔热性≥ 2.00 h
耐火完整性≥ 2.00 h</td><td>A2.00</td></tr>
<tr><td colspan="2">耐火隔热性≥ 3.00 h
耐火完整性≥ 3.00 h</td><td>A3.00</td></tr>
<tr><td rowspan="4">部分隔热
防火门
（B 类）</td><td rowspan="4">耐火隔热性≥ 0.50 h</td><td>耐火完整性≥ 1.00 h</td><td>B1.00</td></tr>
<tr><td>耐火完整性≥ 1.50 h</td><td>B1.50</td></tr>
<tr><td>耐火完整性≥ 2.00 h</td><td>B2.00</td></tr>
<tr><td>耐火完整性≥ 3.00 h</td><td>B3.00</td></tr>
<tr><td rowspan="4">非隔热
防火门
（C 类）</td><td colspan="2">耐火完整性≥ 1.00 h</td><td>C1.00</td></tr>
<tr><td colspan="2">耐火完整性≥ 1.50 h</td><td>C1.50</td></tr>
<tr><td colspan="2">耐火完整性≥ 2.00 h</td><td>C2.00</td></tr>
<tr><td colspan="2">耐火完整性≥ 3.00 h</td><td>C3.00</td></tr>
</table>

三、防火卷帘

在设置防火墙确有困难的场所，可采用防火卷帘作为防火分区分隔。当采用包括背火面温升作为耐火极限判定条件的防火卷帘时，其耐火极限不低于 3 小时；当采用不包括背火面温升作为耐火极限判定条件的防火卷帘时，其卷帘两侧应设置独立的闭式自动喷水系统保护，系统喷水延续时间不应小于 3 小时。

设在疏散走道上的防火卷帘应在卷帘的两侧设置启闭装置，并应具有自动、手动和机械控制的功能。

四、防火阀、排烟防火阀

（一）防火阀

安装在通风、空调系统的送、回风管道上，平时呈开启状态，当管道内烟气温度达到 70 摄氏度时关闭，在一定时间内满足耐火稳定性和耐火完整性要求，起隔烟阻火作用的阀门。

下列情况之一的通风、空气调节系统的风管适应设防火阀：

① 管道穿越防火分区处。

② 穿越通风、空气调节机房及重要的或火灾危险性大的房间隔墙和楼板处。

③ 垂直风管与每层水平风管交接处的水平管段上。

④ 穿越变形缝处的两侧。

（二）排烟防火阀

安装在机械排烟系统的管道上，平时呈开启状态，火灾时当排烟管道内烟气温度达到 280 摄氏度时关闭，在一定时间内满足耐火稳定性和耐火完整性要求，起隔烟阻火作用的阀门。

第七节 安全出口、疏散通道

一、安全出口

安全出口是保证人员安全疏散的楼梯或直通室外地平面的出口。

（一）单、多层民用建筑

民用建筑的安全出口应分散布置。每个防火分区、一个防火分区的每个楼层，其相邻 2 个安全出口最近边缘之间的水平距离不应小于 5.0 米。

公共建筑内的每个防火分区、一个防火分区内的每个楼层，其安全出口的数量应经计算确定，且不应少于 2 个。当符合下列条件之一时，可设一个安全出口或疏散楼梯:

① 除托儿所、幼儿园外，建筑面积小于等于 200 平方米且人数不超过 50 人的单层公共建筑。

② 除医院、疗养院、老年人建筑及托儿所、幼儿园的儿童用房和儿童游乐厅等儿童活动场所等外，符合表 5-7 规定的 2、3 层公共建筑。

表 5-7 公共建筑可设置 1 个安全出口的条件

耐火等级	最多层数	每层最大建筑面积 /m²	人 数
一、二级	3 层	500	第二层和第三层的人数之和不超过 100 人
三级	3 层	200	第二层和第三层的人数之和不超过 50 人
四级	2 层	200	第二层人数不超过 30 人

老年人建筑及托儿所、幼儿园的儿童用房和儿童游乐厅等儿童活动场所宜设置在独立的建筑内。当必须设置在其他民用建筑内时，宜设置独立的安全出口。

一、二级耐火等级的公共建筑，当设置不少于 2 部疏散楼梯且顶层局部升高部位的层数不超过 2 层、人数之和不超过 50 人、每层建筑面积小于等于 200 平方米时，该局部高出部位可设置 1 部与下部主体建筑楼梯间直接连通的疏散楼梯，但至少应另外设置 1 个直通主体建筑上人平屋面的安全出口，该上人屋面应符合人员安全疏散要求。

下列公共建筑的疏散楼梯应采用室内封闭楼梯间（包括首层扩大封闭楼梯间）或室外疏散楼梯：

① 医院、疗养院的病房楼。

② 旅馆。

③ 超过 2 层的商店等人员密集的公共建筑。

④ 设有歌舞娱乐放映游艺场所且建筑层数超过 2 层的建筑。

⑤ 超过 5 层的其他公共建筑。

自动扶梯和电梯不应作为安全疏散设施。

（二）高层民用建筑

高层建筑每个防火分区的安全出口不应少于 2 个，但符合下列条件之一的，可设一个安全出口：

18 层及 18 层以下，每层不超过 8 户，建筑面积不超过 650 平方米，且设有一座防烟楼梯间和消防电梯的塔式住宅。

18 层及 18 层以下每个单元设有一座通向屋顶的疏散楼梯，单元之间的楼梯通过屋顶连通，单元与单元之间设有防火墙，户门为甲级防火门，窗间墙宽度、窗槛墙高度大于 1.2 米且为不燃烧体墙的单元式住宅。

超过 18 层，每个单元设有一座通向屋顶的疏散楼梯，18 层以上部分每层相邻单元楼梯通过阳台或凹廊连通（屋顶可以不连通），18 层及 18 层以下部分单元与单元之间设有防火墙，户门为甲级防火门，窗间墙宽度、窗槛墙高度大于 1.2 米且为不燃烧体墙的单元式住宅。

除地下室外，相邻两个防火分区之间的防火墙上有防火门连通时，且相邻两个防火分区的建筑面积之和不超过表 5-8 规定的公共建筑。

表 5-8　两个防火分区之各最大允许建筑面积

建筑类别	两个防火分区建筑面积之和 /m^2
一类建筑	1 400
二类建筑	2 100

商住楼中住宅的疏散楼梯应独立设置。

二、疏散通道

（一）单、多层民用建筑

民用建筑的安全疏散距离应符合下列规定：

① 直接通向疏散走道的房间疏散门至最近安全出口的距离应符合表 5-9 的规定。

② 直接通向疏散走道的房间疏散门至最近非封闭楼梯间的距离，当房间位于两个楼梯间之间时，应按表 5-9 的规定减少 5.0 米；当房间位于袋形走道两侧或尽端时，应按表 5-9 的规定减少 2.0 米。

③ 楼梯间的首层应设置直通室外的安全出口或在首层采用扩大封闭楼梯间。当层数不超过 4 层时，可将直通室外的安全出口设置在离楼梯间小于等于 15.0 米处。

④ 房间内任一点到该房间直接通向疏散走道的疏散门的距离，不应大于表 5-9 中规定的袋形走道两侧或尽端的疏散门至安全出口的最大距离。

表 5-9 直接通向疏散走道的房间疏散门至最近安全出口的最大距离 单位：米

名 称	位于两个安全出口之间的疏散门			位于袋形走道两侧或尽端的疏散门		
	耐火等级			耐火等级		
	一、二级	三级	四级	一、二级	三级	四级
托儿所、幼儿园	25	20	—	20	15	—
医院、疗养院	35	30	—	20	15	—
学校	35	30	—	22	20	—
其他民用建筑	40	35	25	22	20	15

注：① 一、二级耐火等级的建筑内的观众厅、展览厅、多功能厅、餐厅、营业厅和阅览室等，其室内任何一点至最近安全出口的直线距离不宜大于 30 米。

② 敞开式外廊建筑的房间疏散门至安全出口的最大距离可按本表增加 5 米。

③ 建筑物内全部设置自动喷水灭火系统时，其安全疏散距离可按本表和本表注（1）的规定增加 25%。

④ 房间内任一点到该房间直接通向疏散走道的疏散门的距离计算：住宅应为最远房间内任一点到户门的距离，跃层式住宅内的户内楼梯的距离可按其梯段总长度的水平投影尺寸计算。

建筑中的疏散走道、安全出口、疏散楼梯以及房间疏散门的各自总宽度应经计算确定。

安全出口、房间疏散门的净宽度不应小于 0.9 米，疏散走道和疏散楼梯的净宽度不应小于 1.1 米；不超过 6 层的单元式住宅，当疏散楼梯的一边设置栏杆时，最小净宽度不宜小于 1.0 米。

人员密集的公共场所、观众厅的疏散门不应设置门槛，其净宽度不应小于 1.4 米，且紧靠门口内外各 1.4 米范围内不应设置踏步。

（二）高层民用建筑

高层建筑的安全出口应分散布置，两个安全出口之间的距离不应小于 5.00 米，安全疏散距离应符合表 5-10 的规定。

表 5-10　安全疏散距离

高层建筑		房间门或住宅户门至最近的外部出口或楼梯间的最大距离 /m	
		位于两个安全出口之间的房间	位于袋形走道两侧或尽端的房间
医院	病房部分	24	12
	其他部分	30	15
旅馆、展览楼、教学楼		30	15
其他		40	20

高层建筑内的观众厅、展览厅、多功能厅、餐厅、营业厅和阅览室等，其室内任何一点至最近的疏散出口的直线距离，不宜超过 30 米；其他房间内最远一点至房门的直线距离不宜超过 15 米。

高层建筑内走道的净宽，应按通过人数每 100 人不小于 1.00 米计算；高层建筑首层疏散外门的总宽度，应按人数最多的一层每 100 人不小于 1.00 米计算；首层疏散外门和走道的净宽不应小于表 5-11 的规定。

疏散楼梯间及其前室的门的净宽应按通过人数 100 人不小于 1.00 米计算，但最小净宽不应小于 0.90 米。单面布置房间的住宅，其走道出垛处的最小净宽不应小于 0.90 米。

表 5-11　首层疏散外门和走道的净宽　　单位：米

高层建筑	每个外门的净宽	走道净宽	
		单面布房	双面布房
医院	1.30	1.40	1.50
居住建筑	1.10	1.20	1.30
其他	1.20	1.30	1.40

第八节　建筑防烟排烟

一、防排烟系统的作用

大量火灾表明，烟气是导致建筑火灾人员伤亡的最主要原因，建筑物内设置防排烟系统，主要有以下三个方面的作用。

（一）为安全疏散创造有利条件

火灾统计和试验表明，凡设有完善的防排烟设施和自动喷水灭火系统的建筑，很少由于浓烟或高温作用，使室内人员睁不开眼，透不过气的情况，对疏散方向、路线较为清楚，一般都能为安全疏散创造有利条件。

（二）为消防扑救创造有利条件

当建筑物发生火灾处于熏烧阶段，房间充满烟雾、门窗处于紧闭状态，在这种情况下，当消防人员进入火场时，由于浓烟和热气的作用，往往使消防人员睁不开眼，看不清火场情况，不能迅速而准确地确定起火点，大大影响了灭火工作。但如果采取了防排烟设施，则就可避免以上现象，从而为消防扑救创造有利条件。

（三）控制火势蔓延

试验表明，设有完善防排烟设施的建筑，发生火灾时不但能排除大量烟气，还能排出一场火灾中70%～80%的热量，从而起到延缓火势蔓延的作用。

二、防排烟系统的设置场所

现行国家标准《建筑设计防火规范》（GB 50016）、《高层民用建筑设计防火规范》（GB 50045）、《人民防空工程设计防火规范》（GB 50098）、《汽车库、修车库、停车场设计防火规范》（GB 50067）等中对防排烟系统的设置场所分别作了具体规定。因此，系统设置时应符合现行国家标准的有关规定。

三、防排烟系统的组成及工作原理

防排烟系统分为防烟系统和排烟系统。防烟系统是指采用机械加压送风方式或自然通风方式，防止建筑物发生火灾时烟气进入疏散通道和避难场所的系统。排烟系统是指采用机械排烟方式或自然通风方式，将烟气排至建筑物外，控制建筑内的有烟区域保持一定能见度的系统。自然排烟系统主要有自然排烟口等组成，相对较简单，下面主要介绍机械排烟系统和机械加压送风防烟系统的组成及工作原理。

（一）机械排烟系统的组成及工作原理

机械排烟系统是由挡烟构件（活动式或固定式挡烟垂壁、挡烟隔墙、挡烟梁）、排烟口、防火排烟阀门、排烟道、排烟风机、排烟出口及防排烟控制器等组成。当建筑物内发生火灾时，由火场人员手动控制或由感烟探测器将火灾信号传递给防排烟控制器。开启活动的挡烟垂壁将烟气控制在发生火灾的防烟分区内，并打开排烟口以及和排烟口联动的排烟防火阀，同时关闭空调系统和送风管道内的防火调节阀防止烟气从空调、通风系统蔓延到其他非着火房间，最后由设置在屋顶的排烟机将烟气通过排烟管道排至室外。

（二）机械加压送风防烟系统的组成及工作原理

机械加压送风防烟系统主要由送风口、送风管道、送风机和防烟部位（楼梯间、前室或合用前室）以及风机控制柜等组成。

机械防烟是在疏散通道等需要防烟的部位送入足够的新鲜空气，使其维持高于建筑物其他部位的压力，从而把着火区域所产生的烟气堵截于防烟部位之外。为保证疏散通道不受烟气侵害使人员安全疏散，发生火灾时，从安全角度出发，建筑内可分为四个安全区：第一类安全区为防烟楼梯间、避难层；第二类安全区为防火楼梯间前室、消防电梯间前室或合用前室；第三类安全区为走道；第四类安全区为房间。根据上述原则，加压送风时应使防烟楼梯间压力 > 前室压力 > 走道压力 > 房间压力，同时还要保证各部分之间的压差不要过大，造成开门困难影响疏散。

第九节　消防电气

一、消防电源

消防电源是对消防控制室、消防水泵、消防电梯、防排烟设施、火灾自动报警、自动灭火系统、应急照明、疏散指示标志和电动的防火门（窗）、防火卷帘、阀门等消防设施提供动力的电源。消防电源的可靠程度，直接关系到是否能有效扑救火灾和组织人员的疏散。

根据建筑的使用性质、规模和火灾发生后消防扑救和人员疏散的难易程度，我国消防技术标准对不同建筑消防供电相应分为一级负荷、二级负荷及三级负荷，不同负荷的供电电源有不同的要求。

（一）不同负荷的供电电源要求

① 一级负荷的供电电源：一级负荷应由两个电源供电，当一个电源发生故障时，另一个电源应不致同时受到损坏。结合我国目前的经济、技术条件和供电情况，凡具备表 5-12 所示条件之一的供电，可视为一级负荷供电。

表 5-12 一级负荷供电的条件

	供电电源条件	备注
一级负荷供电	1. 电源来自两个不同的发电厂	满足其中条件之一，均可认定为一级负荷供电
	2. 电源来自两个区域变电站（电压≥ 35kv）	
	3. 电源来自两个区域变电站，同时还设有一台自备发电机组	

② 二级负荷的供电电源：二级负荷应尽量做到当发生电力变压器故障或电力线路常见故障时不致中断供电。因此，当地区供电条件允许且投资不高时，二级负荷宜由两个电源供电；在负荷较小或地区供电条件困难时，二级负荷可由 6 千伏及以上专用架空线供电。

③ 三级负荷的供电电源：三级负荷的供电应设有两台终端变压器，一用一备。

（二）**消防供电线路要求**

消防供电线路首先应保证线路的线芯截面能满足用电负荷、机械强度的要求，同时在布线上应符合下列要求：

① 消防用电设备应采用单独的供电回路。当发生火灾时，切断生产、生活供电，应仍能保证消防供电，其配电设备应有明显标志。火灾报警控制器配电回路不应装设漏电保护装置。

② 消防控制室、消防水泵房、消防电梯、防烟排烟风机的两个电源或两回线路，应在最末一级配电箱处设置自动切换装置。

③ 从配电箱至消防设备应是放射性配电，在负荷的连接上不得将与消防无关的设备接入。

④ 消防用电设备的配电线路应满足火灾时连续供电的需要，其敷设应符合下列规定：

暗敷时，应穿管并应敷设在不燃烧体结构内且保护层厚度不应小于 30 毫米。明敷时（包括敷设在吊顶内），应穿金属管或封闭式金属线槽，并应采取防火保护措施；

当采用阻燃或耐火电缆时，敷设在电缆井、电缆沟内可不采取防火保护措施；

当采用矿物绝缘类不燃性电缆时，可直接明敷；

宜与其他配电线路分开敷设；当敷设在同一井沟内时，宜分别布置在井沟的两侧。

二、消防应急照明

消防应急照明是指在因火灾事故必须拉闸断电的情况下，需要继续工作、保障安全或人员疏散用的照明。

（一）设置应急照明的场所

① 楼梯间、防烟楼梯间前室、消防电梯间及其前室、合用前室和避难层（间）。

② 观众厅、展览厅、多功能厅、餐厅和商业营业厅等人员密集场所。

③ 公共建筑内的疏散走道和高层居住建筑内长度超过 20 米的内走道。

④ 配电室、消防控制室、消防水泵房、防烟排烟机房、供消防用电的蓄电池室、自备发电机房、电话总机房以及发生火灾时仍需坚持工作的其他房间。

（二）应急照明的照度、供电时间和设置要求

① 一般性建筑中，疏散用的应急照度，其地面最低照度不应小于 0.5 勒克斯，且连续供电时间不应小于 20 分钟；建筑高度超过 100 米的高层建筑，其连续供电时间不应小于 30 分钟。在人防工程中，其地面照度不应小于 5 勒克斯，连续供电时间不应小于 30 分钟。

② 消防控制室、消防水泵房、防烟排烟机房、配电室和自备发电机房、电话总机房以及发生火灾时仍需坚持工作的其他房间的应急照明，仍应保证正常照明的照度；其照明支线应接在消防配电线路上。

③ 避难层（间）其地面最低照度不应小于 1.0 勒克斯，供电时间不应小于 1.0 小时。

④ 应急照明应设玻璃或其他非燃烧材料制作的保护罩，且宜设置在墙面或顶棚上。

三、疏散指示标志

合理设置疏散指示标志，对人员的安全疏散具有重要的作用，可以有效地帮助人们在浓烟弥漫的情况下及时地识别疏散位置和方向，顺利疏散。

（一）设置疏散指示标志的场所和部位

① 民用建筑和人防工程中的观众厅、展览厅、多功能厅、餐厅和商业营业厅等人员密集场所和歌舞游艺场所的疏散走道和其他主要疏散路线，以及疏散出口处。

② 除二类高层居住建筑外的高层民用建筑，其走道和安全出口处。

（二）疏散指示标志的设置要求

① 火灾疏散标志灯由疏散方向标志灯和安全出口标志灯组成，应设玻璃或其他非燃烧材料制作的保护罩。

② 疏散方向标志灯应设置在疏散走道、楼梯间及其转角处等部位距室内地坪 1.00 米以下的墙面上。在民用建筑中，其设置间距不应大于 20 米；在人防工程中，其设置间距不宜大于 15 米。

③ 在歌舞娱乐放映游艺场所、商业营业厅、观众厅、展览厅、多功能厅、餐厅等

人员密集场所设置的疏散标志灯，应设置在走道和其他主要疏散路线的地面或靠近地面的墙上。安全出口标志灯应设置在安全出口处，其位置宜在出口上部的墙面或顶棚上。

④ 火灾疏散标志灯的连续供电时间，对于建筑高度超过 100 米的高层建筑和人防工程，不应小于 30 分钟；对于其他建筑，不应小于 20 分钟。

第十节 建筑内部装修

一、装修材料的分类和分级

装修材料按其使用部位和功能，可划分为顶棚装修材料、墙面装修材料、地面装修材料、隔断装修材料、固定家具、装饰织物、其他装饰材料七类。

装修材料按其燃烧性能应划分为四级，并应符合表 5-13 的规定。

表 5-13 装修材料燃烧性能等级

等级	装修材料燃烧性能
A	不燃性
B1	难燃性
B2	可燃性
B3	易燃性

二、一般规定

① 当顶棚或墙面表面局部采用多孔或泡沫状塑料时，其厚度不应大于 15 毫米，且面积不得超过该房间顶棚或墙面积的 10%。

② 除地下建筑外，无窗房间的内部装修材料的燃烧性能等级，除 A 级外，应在本章规定的基础上提高一级。

③ 图书室、资料室、档案室和存放文物的房间，其顶棚、墙面应采用 A 级装修材料，地面应采用不低于 B1 级的装修材料。

④ 大中型电子计算机房、中央控制室、电话总机房等放置特殊贵重设备的房间，其顶棚和墙面应采用 A 级装修材料，地面及其他装修应采用不低于 B1 级的装修材料。

⑤ 消防水泵房、排烟机房、固定灭火系统钢瓶间、配电室、变压器室、通风和空调机房等，其内部所有装修均应采用 A 级装修材料。

⑥ 无自然采光楼梯间、封闭楼梯间、防烟楼梯间及其前室的顶棚、墙面和地面均

应采用 A 级装修材料。

⑦ 建筑物内设有上下层相连通的中庭、走马廊、开敞楼梯、自动扶梯时，其连通部位的顶棚、墙面应采用 A 级装修材料，其他部位应采用不低于 B1 级的装修材料。

⑧ 防烟分区的挡烟垂壁，其装修材料应采用 A 级装修材料。

⑨ 建筑内部的变形缝（包括沉降缝、伸缩缝、抗震缝等）两侧的基层应采用 A 级材料，表面装修应采用不低于 B1 级的装修材料。

⑩ 建筑内部的配电箱不应直接安装在低于 B1 级的装修材料上。

⑪ 照明灯具的高温部位，当靠近非 A 级装修材料时，应采取隔热、散热等防火保护措施。灯饰所用材料的燃烧性能等级不应低于 B1 级。

⑫ 公共建筑内部不宜设置采用 B3 级装饰材料制成的壁挂、雕塑、模型、标本，当需要设置时，不应靠近火源或热源。

⑬ 地上建筑的水平疏散走道和安全出口的门厅，其顶棚装饰材料应采用 A 级装修材料，其他部位应采用不低于 B1 级的装修材料。

⑭ 建筑内部消火栓的门不应被装饰物遮掩，消火栓门四周的装修材料颜色应与消火栓门的颜色有明显区别。

⑮ 建筑内部装修不应遮挡消防设施、疏散指示标志及安全出口，并不应妨碍消防设施和疏散走道的正常使用。因特殊要求做改动时，应符合国家有关消防规范和法规的规定。建筑内部装修不应减少安全出口、疏散出口和疏散走道的设计所需的净宽度和数量。

⑯ 建筑物内的厨房，其顶棚、墙面、地面均应采用 A 级装修材料。

⑰ 经常使用明火器具的餐厅、科研实验室，装修材料的燃烧性能等级，除 A 级外，应在本章规定的基础上提高一级。

⑱ 当歌舞娱乐放映游艺场所设置在一、二级耐火等级建筑的四层及四层以上时，室内装修的顶棚材料应采用 A 级装修材料，其他部位应采用不低于 B1 级的装修材料；当设置在地下一层时，室内装修的顶棚、墙面材料应采用 A 级装修材料，其他部位应采用不低于 B1 级的装修材料。

三、单层、多层民用建筑

单层、多层民用建筑内部各部位装修材料的燃烧性能等级，不应低于表 5-14 的规定。

单层、多层民用建筑内面积小于 100 平方米的房间，当采用防火墙和甲级防火门窗与其他部位分隔时，其装修材料的燃烧性能等级可在表 5-14 的基础上降低一级。

当单层、多层民用建筑需做内部装修的空间内装有自动灭火系统时，除顶棚外，其内部装修材料的燃烧性能等级可在表 5-14 规定的基础上降低一级；当同时装有火灾自动报警装置和自动灭火系统时，其顶棚装修材料的燃烧性能等级可在表 5-14 规定的基础上降低一级，其他装修材料的燃烧性能等级可不限制。

表 5-14　单层、多层民用建筑内部各部位装修材料的燃烧性能等级

建筑物及场所	建筑规模、性质	装修材料燃烧性能等级							
		顶棚	墙面	地面	隔断	固定家具	装饰织物：窗帘	装饰织物：帷幕	其他装饰材料
候机楼的候机大厅、商店、餐厅、贵宾候机室、售票厅等	建筑面积＞ 10 000m² 的候机楼	A	A	B1	B1	B1	B1		B1
	建筑面积≤ 10 000m² 的候机楼	A	B1	B1	B1	B2	B2		B2
汽车站、火车站、轮船客运站的候车（船）室、餐厅、商场等	建筑面积＞ 10 000m² 的车站、码头	A	A	B1	B1	B2	B2		B2
	建筑面积≤ 10 000m² 的车站、码头	B1	B1	B1	B2	B2	B2		B2
影院、会堂、礼堂、剧院、音乐室	＞ 800 座位	A	A	B1	B1	B1	B1	B1	B1
	≤ 800 座位	A	B1	B1	B1	B2	B1	B1	B2
体育馆	＞ 3 000 座位	A	A	B1	B1	B1	B1	B1	B2
	≤ 3 000 座位	A	B1	B1	B1	B2	B2	B1	B2
商场营业厅	每层建筑面积＞ 3 000m² 或总建筑面积 9 000m² 的营业厅	A	B1	A	A	B1	B1		B2
	每层建筑面积 1 000 ～ 3 000m² 或总建筑面积为 3 000 ～ 9 000m² 的营业厅	A	B1	B1	B1	B2	B1		
	每层建筑面积＜ 1 000m² 或总建筑面积＜ 3 000m² 营业厅	B1	B1	B1	B2	B2	B2		
饭店、旅馆的客房及公共活动用房等	设有中央空调系统的饭店、旅馆	A	B1	B1	B1	B2	B2		B2
	其他饭店、旅馆	B1	B1	B2	B2	B2	B2		
歌舞厅、餐馆等娱乐、餐饮建筑	营业面积＞ 100m²	A	B1	B1	B1	B2	B1		B2
	营业面积≤ 100m²	B1	B1	B1	B2	B2	B2		B2
幼儿园、托儿所、中小学、医院病房楼、疗养院、养老院		A	B1	B2	B1	B2	B1		B2
纪念馆、展览馆、博物馆、图书馆、档案馆、资料馆等	国家级、省级	A	B1	B1	B1	B2	B1		B2
	省级以下	B1	B1	B2	B2	B2	B2		B2
办公楼、综合楼	设有中央空调系统的办公楼、综合楼	A	B1	B1	B1	B2	B2		B2
	其他办公楼、综合楼	B1	B1	B2	B2	B2			
住宅	高级住宅	B1	B1	B1	B1	B2	B2		B2
	普通住宅	B1	B2	B2	B2	B2			

四、高层民用建筑

高层民用建筑内部各部位装修材料的燃烧性能等级，不应低于表 5-15 的规定。

表 5-15　高层民用建筑内部各部位装修材料的燃烧性能等级

建筑物	建筑规模、性质	装修材料燃烧性能等级									
		顶棚	墙面	地面	隔断	固定家具	装饰织物：窗帘	装饰织物：帷幕	装饰织物：床罩	装饰织物：家具包布	其他装饰材料
高级旅馆	＞800 座位的观众厅、会议厅、顶层餐厅	A	B1	B1	B1	B1	B1	B1		B1	B1
	≤ 800 座位的观众厅、会议厅	A	B1	B1	B1	B2	B1	B1		B2	B1
	其他部位	A	B1	B1	B2	B2	B1	B2	B1	B2	B1
商业楼、展览楼、综合楼、商住楼、医院病房楼	一类建筑	A	B1	B1	B1	B2	B1	B1		B2	B1
	二类建筑	B1	B1	B2	B2	B2	B2	B2		B2	B2
电信楼、财贸金融楼、邮政楼、广播电视楼、电力调度楼、防灾指挥调度楼	一类建筑	A	A	B1	B1	B1	B1	B1		B2	B1
	二类建筑	B1	B1	B2	B2	B2	B1	B2		B2	B2
教学楼、办公楼、科研楼、档案楼、图书馆	一类建筑	A	B1	B1	B1	B2	B1	B1		B1	B1
	二类建筑	B1	B1	B2	B1	B2	B1	B2		B2	B2
住宅、普通旅馆	一类普通旅馆 高级住宅	A	B1	B2	B1	B2	B1		B1	B2	B1
	二类普通旅馆 普通住宅	B1	B1	B2	B2	B2	B2		B2	B2	B2

注：① “顶层餐厅”包括高空的餐厅、观光厅等。

② 建筑物的类别、规模、性质应符合现行国家标准《高层民用建筑设计防火规范》的有关规定。

除歌舞娱乐放映游艺场所场所和 100 米以上的高层民用建筑及大于 800 座位的观众厅、会议厅，顶层餐厅外，当设有火灾自动报警装置和自动灭火系统时，除顶棚外，其内部装修材料的燃烧性能等级可在表 5-15 规定的基础上降低一级。

高层民用建筑的裙房内面积小于 500 平方米的房间，当设有自动灭火系统，并且采用耐火等级不低于 2 小时的隔墙、甲级防火门、窗与其他部位分隔时，顶棚、墙面、地面的装修材料的燃烧性能等级可在表 5-15 规定的基础上降低一级。

电视塔等特殊高层建筑的内部装修，装饰织物应不低于 B1 级，其他均应采用 A 级装修材料。

第十一节　建筑防爆

厂房（仓库）的防爆要求：

① 有爆炸危险的甲、乙类厂房宜独立设置，并宜采用敞开或半敞开式。其承重结构宜采用钢筋混凝土或钢框架、排架结构。

② 有爆炸危险的甲、乙类厂房应设置泄压设施。

③ 泄压设施宜采用轻质屋面板、轻质墙体和易于泄压的门、窗等，不应采用普通玻璃。泄压设施的设置应避开人员密集场所和主要交通道路，并宜靠近有爆炸危险的部位。作为泄压设施的轻质屋面板和轻质墙体的单位质量不宜超过 60 千克 / 平方米。屋顶上的泄压设施应采取防冰雪积聚措施。

④ 散发较空气轻的可燃气体、可燃蒸气的甲类厂房，宜采用轻质屋面板的全部或局部作为泄压面积。顶棚应尽量平整、避免死角，厂房上部空间应通风良好。

⑤ 散发较空气重的可燃气体、可燃蒸气的甲类厂房以及有粉尘、纤维爆炸危险的乙类厂房，应采用不发火花的地面。采用绝缘材料作整体面层时，应采取防静电措施。

散发可燃粉尘、纤维的厂房内表面应平整、光滑，并易于清扫。

厂房内不宜设置地沟，必须设置时，其盖板应严密，地沟应采取防止可燃气体、可燃蒸气及粉尘、纤维在地沟积聚的有效措施，且与相邻厂房连通处应采用防火材料密封。

⑥ 有爆炸危险的甲、乙类生产部位，宜设置在单层厂房靠外墙的泄压设施或多层厂房顶层靠外墙的泄压设施附近。

有爆炸危险的设备宜避开厂房的梁、柱等主要承重构件布置。

⑦ 有爆炸危险的甲、乙类厂房的总控制室应独立设置。

⑧ 有爆炸危险的甲、乙类厂房的分控制室宜独立设置，当贴邻外墙设置时，应采用耐火极限不低于 3.00 小时的不燃烧体墙体与其他部分隔开。

⑨ 使用和生产甲、乙、丙类液体厂房的管、沟不应和相邻厂房的管、沟相通，该厂房的下水道应设置隔油设施。

⑩ 甲、乙、丙类液体仓库应设置防止液体流散的设施。遇湿会发生燃烧爆炸的物品仓库应设置防止水浸渍的措施。

⑪ 有粉尘爆炸危险的筒仓，其顶部盖板应设置必要的泄压设施。

⑫ 有爆炸危险的甲、乙类仓库，宜采取防爆措施、设置泄压设施。

附 录

附　录1

中华人民共和国消防法

（1998年4月29日第九届全国人民代表大会常务委员会第二次会议通过 2008年10月28日第十一届全国人民代表大会常务委员会第五次会议修订）

第一章　总　则

第一条　为了预防火灾和减少火灾危害，加强应急救援工作，保护人身、财产安全，维护公共安全，制定本法。

第二条　消防工作贯彻预防为主、防消结合的方针，按照政府统一领导、部门依法监管、单位全面负责、公民积极参与的原则，实行消防安全责任制，建立健全社会化的消防工作网络。

第三条　国务院领导全国的消防工作。地方各级人民政府负责本行政区域内的消防工作。

各级人民政府应当将消防工作纳入国民经济和社会发展计划，保障消防工作与经济社会发展相适应。

第四条　国务院公安部门对全国的消防工作实施监督管理。县级以上地方人民政府公安机关对本行政区域内的消防工作实施监督管理，并由本级人民政府公安机关消防机构负责实施。军事设施的消防工作，由其主管单位监督管理，公安机关消防机构协助；矿井地下部分、核电厂、海上石油天然气设施的消防工作，由其主管单位监督管理。

县级以上人民政府其他有关部门在各自的职责范围内，依照本法和其他相关法律、法规的规定做好消防工作。

法律、行政法规对森林、草原的消防工作另有规定的，从其规定。

第五条　任何单位和个人都有维护消防安全、保护消防设施、预防火灾、报告火警的义务。任何单位和成年人都有参加有组织的灭火工作的义务。

第六条　各级人民政府应当组织开展经常性的消防宣传教育，提高公民的消防安全意识。

机关、团体、企业、事业等单位，应当加强对本单位人员的消防宣传教育。

公安机关及其消防机构应当加强消防法律、法规的宣传，并督促、指导、协助有关单位做好消防宣传教育工作。

教育、人力资源行政主管部门和学校、有关职业培训机构应当将消防知识纳入教育、教学、培训的内容。

新闻、广播、电视等有关单位，应当有针对性地面向社会进行消防宣传教育。

工会、共产主义青年团、妇女联合会等团体应当结合各自工作对象的特点，组织开展消防宣传教育。

村民委员会、居民委员会应当协助人民政府以及公安机关等部门，加强消防宣传教育。

第七条 国家鼓励、支持消防科学研究和技术创新，推广使用先进的消防和应急救援技术、设备；鼓励、支持社会力量开展消防公益活动。

对在消防工作中有突出贡献的单位和个人，应当按照国家有关规定给予表彰和奖励。

第二章　火灾预防

第八条 地方各级人民政府应当将包括消防安全布局、消防站、消防供水、消防通信、消防车通道、消防装备等内容的消防规划纳入城乡规划，并负责组织实施。

城乡消防安全布局不符合消防安全要求的，应当调整、完善；公共消防设施、消防装备不足或者不适应实际需要的，应当增建、改建、配置或者进行技术改造。

第九条 建设工程的消防设计、施工必须符合国家工程建设消防技术标准。建设、设计、施工、工程监理等单位依法对建设工程的消防设计、施工质量负责。

第十条 按照国家工程建设消防技术标准需要进行消防设计的建设工程，除本法第十一条另有规定的外，建设单位应当自依法取得施工许可之日起七个工作日内，将消防设计文件报公安机关消防机构备案，公安机关消防机构应当进行抽查。

第十一条 国务院公安部门规定的大型的人员密集场所和其他特殊建设工程，建设单位应当将消防设计文件报送公安机关消防机构审核。公安机关消防机构依法对审核的结果负责。

第十二条 依法应当经公安机关消防机构进行消防设计审核的建设工程，未经依法审核或者审核不合格的，负责审批该工程施工许可的部门不得给予施工许可，建设单位、施工单位不得施工；其他建设工程取得施工许可后经依法抽查不合格的，应当停止施工。

第十三条 按照国家工程建设消防技术标准需要进行消防设计的建设工程竣工，依照下列规定进行消防验收、备案：

（一）本法第十一条规定的建设工程，建设单位应当向公安机关消防机构申请消防验收；

（二）其他建设工程，建设单位在验收后应当报公安机关消防机构备案，公安机关消防机构应当进行抽查。

依法应当进行消防验收的建设工程，未经消防验收或者消防验收不合格的，禁止投入使用；其他建设工程经依法抽查不合格的，应当停止使用。

第十四条 建设工程消防设计审核、消防验收、备案和抽查的具体办法，由国务院公安部门规定。

第十五条 公众聚集场所在投入使用、营业前，建设单位或者使用单位应当向场所所在地的县级以上地方人民政府公安机关消防机构申请消防安全检查。

公安机关消防机构应当自受理申请之日起十个工作日内，根据消防技术标准和管理规定，对该场所进行消防安全检查。未经消防安全检查或者经检查不符合消防安全要求的，不得投入使用、营业。

第十六条 机关、团体、企业、事业等单位应当履行下列消防安全职责：

（一）落实消防安全责任制，制定本单位的消防安全制度、消防安全操作规程，制定灭火和应急疏散预案；

（二）按照国家标准、行业标准配置消防设施、器材，设置消防安全标志，并定期组织检验、维修，确保完好有效；

（三）对建筑消防设施每年至少进行一次全面检测，确保完好有效，检测记录应当完整准确，存档备查；

（四）保障疏散通道、安全出口、消防车通道畅通，保证防火防烟分区、防火间距符合消防技术标准；

（五）组织防火检查，及时消除火灾隐患；

（六）组织进行有针对性的消防演练；

（七）法律、法规规定的其他消防安全职责。

单位的主要负责人是本单位的消防安全责任人。

第十七条 县级以上地方人民政府公安机关消防机构应当将发生火灾可能性较大以及发生火灾可能造成重大的人身伤亡或者财产损失的单位，确定为本行政区域内的消防安全重点单位，并由公安机关报本级人民政府备案。

消防安全重点单位除应当履行本法第十六条规定的职责外，还应当履行下列消防安全职责：

（一）确定消防安全管理人，组织实施本单位的消防安全管理工作；

（二）建立消防档案，确定消防安全重点部位，设置防火标志，实行严格管理；

（三）实行每日防火巡查，并建立巡查记录；

（四）对职工进行岗前消防安全培训，定期组织消防安全培训和消防演练。

第十八条 同一建筑物由两个以上单位管理或者使用的，应当明确各方的消防安全责任，并确定责任人对共用的疏散通道、安全出口、建筑消防设施和消防车通道进行统一管理。

住宅区的物业服务企业应当对管理区域内的共用消防设施进行维护管理，提供消防安全防范服务。

第十九条 生产、储存、经营易燃易爆危险品的场所不得与居住场所设置在同一建筑物内，并应当与居住场所保持安全距离。

生产、储存、经营其他物品的场所与居住场所设置在同一建筑物内的，应当符合国家工程建设消防技术标准。

第二十条 举办大型群众性活动，承办人应当依法向公安机关申请安全许可，制定灭火和应急疏散预案并组织演练，明确消防安全责任分工，确定消防安全管理人员，保持消防设施和消防器材配置齐全、完好有效，保证疏散通道、安全出口、疏散指示标志、应急照明和消防车通道符合消防技术标准和管理规定。

第二十一条 禁止在具有火灾、爆炸危险的场所吸烟、使用明火。因施工等特殊情况需要使用明火作业的，应当按照规定事先办理审批手续，采取相应的消防安全措施；作业人员应当遵守消防安全规定。

进行电焊、气焊等具有火灾危险作业的人员和自动消防系统的操作人员，必须持证上岗，并遵守消防安全操作规程。

第二十二条 生产、储存、装卸易燃易爆危险品的工厂、仓库和专用车站、码头的设置，应当符合消防技术标准。易燃易爆气体和液体的充装站、供应站、调压站，应当设置在符合消防安全要求的位置，并符合防火防爆要求。

已经设置的生产、储存、装卸易燃易爆危险品的工厂、仓库和专用车站、码头，易燃易爆气体和液体的充装站、供应站、调压站，不再符合前款规定的，地方人民政府应当组织、协调有关部门、单位限期解决，消除安全隐患。

第二十三条 生产、储存、运输、销售、使用、销毁易燃易爆危险品，必须执行消防技术标准和管理规定。

进入生产、储存易燃易爆危险品的场所，必须执行消防安全规定。禁止非法携带易燃易爆危险品进入公共场所或者乘坐公共交通工具。

储存可燃物资仓库的管理，必须执行消防技术标准和管理规定。

第二十四条 消防产品必须符合国家标准；没有国家标准的，必须符合行业标准。禁止生产、销售或者使用不合格的消防产品以及国家明令淘汰的消防产品。

依法实行强制性产品认证的消防产品，由具有法定资质的认证机构按照国家标准、行业标准的强制性要求认证合格后，方可生产、销售、使用。实行强制性产品认证的消防产品目录，由国务院产品质量监督部门会同国务院公安部门制定并公布。

新研制的尚未制定国家标准、行业标准的消防产品，应当按照国务院产品质量监督部门会同国务院公安部门规定的办法，经技术鉴定符合消防安全要求的，方可生产、销售、使用。

依照本条规定经强制性产品认证合格或者技术鉴定合格的消防产品，国务院公安部门消防机构应当予以公布。

第二十五条 产品质量监督部门、工商行政管理部门、公安机关消防机构应当按照各自职责加强对消防产品质量的监督检查。

第二十六条 建筑构件、建筑材料和室内装修、装饰材料的防火性能必须符合国家标准；没有国家标准的，必须符合行业标准。

人员密集场所室内装修、装饰，应当按照消防技术标准的要求，使用不燃、难燃材料。

第二十七条 电器产品、燃气用具的产品标准，应当符合消防安全的要求。

电器产品、燃气用具的安装、使用及其线路、管路的设计、敷设、维护保养、检测，必须符合消防技术标准和管理规定。

第二十八条 任何单位、个人不得损坏、挪用或者擅自拆除、停用消防设施、器材，不得埋压、圈占、遮挡消火栓或者占用防火间距，不得占用、堵塞、封闭疏散通道、安全出口、消防车通道。人员密集场所的门窗不得设置影响逃生和灭火救援的障碍物。

第二十九条 负责公共消防设施维护管理的单位，应当保持消防供水、消防通信、消防车通道等公共消防设施的完好有效。在修建道路以及停电、停水、截断通信线路时有可能影响消防队灭火救援的，有关单位必须事先通知当地公安机关消防机构。

第三十条 地方各级人民政府应当加强对农村消防工作的领导，采取措施加强公共消防设施建设，组织建立和督促落实消防安全责任制。

第三十一条 在农业收获季节、森林和草原防火期间、重大节假日期间以及火灾多发季节，地方各级人民政府应当组织开展有针对性的消防宣传教育，采取防火措施，进行消防安全检查。

第三十二条 乡镇人民政府、城市街道办事处应当指导、支持和帮助村民委员会、居民委员会开展群众性的消防工作。村民委员会、居民委员会应当确定消防安全管理人，组织制定防火安全公约，进行防火安全检查。

第三十三条 国家鼓励、引导公众聚集场所和生产、储存、运输、销售易燃易爆危险品的企业投保火灾公众责任保险；鼓励保险公司承保火灾公众责任保险。

第三十四条 消防产品质量认证、消防设施检测、消防安全监测等消防技术服务机构和执业人员，应当依法获得相应的资质、资格；依照法律、行政法规、国家标准、行业标准和执业准则，接受委托提供消防安全技术服务，并对服务质量负责。

第三章　消防组织

第三十五条 各级人民政府应当加强消防组织建设，根据经济和社会发展的需要，建立多种形式的消防组织，加强消防技术人才培养，增强火灾预防、扑救和应急救援的能力。

第三十六条 县级以上地方人民政府应当按照国家规定建立公安消防队、专职消防队，并按照国家标准配备消防装备，承担火灾扑救工作。

乡镇人民政府应当根据当地经济发展和消防工作的需要，建立专职消防队、志愿消防队，承担火灾扑救工作。

第三十七条 公安消防队、专职消防队依照国家规定承担重大灾害事故和其他以抢救人员生命为主的应急救援工作。

第三十八条 公安消防队、专职消防队应当充分发挥火灾扑救和应急救援专业力量的骨干作用；按照国家规定，组织实施专业技能训练，配备并维护保养装备器材，提高火灾扑救和应急救援的能力。

第三十九条 下列单位应当建立单位专职消防队，承担本单位的火灾扑救工作：

（一）大型核设施单位、大型发电厂、民用机场、主要港口；

（二）生产、储存易燃易爆危险品的大型企业；

（三）储备可燃的重要物资的大型仓库、基地；

（四）第（一）项、第（二）项、第（三）项规定以外的火灾危险性较大、距离公安消防队较远的其他大型企业；

（五）距离公安消防队较远、被列为全国重点文物保护单位的古建筑群的管理单位。

第四十条 专职消防队的建立，应当符合国家有关规定，并报当地公安机关消防机构验收。

专职消防队的队员依法享受社会保险和福利待遇。

第四十一条 机关、团体、企业、事业等单位以及村民委员会、居民委员会根据需要，建立志愿消防队等多种形式的消防组织，开展群众性自防自救工作。

第四十二条 公安机关消防机构应当对专职消防队、志愿消防队等消防组织进行业务指导；根据扑救火灾的需要，可以调动指挥专职消防队参加火灾扑救工作。

第四章　灭火救援

第四十三条 县级以上地方人民政府应当组织有关部门针对本行政区域内的火灾特点制定应急预案，建立应急反应和处置机制，为火灾扑救和应急救援工作提供人员、装备等保障。

第四十四条 任何人发现火灾都应当立即报警。任何单位、个人都应当无偿为报警提供便利，不得阻拦报警。严禁谎报火警。

人员密集场所发生火灾，该场所的现场工作人员应当立即组织、引导在场人员疏散。

任何单位发生火灾，必须立即组织力量扑救。邻近单位应当给予支援。

消防队接到火警，必须立即赶赴火灾现场，救助遇险人员，排除险情，扑灭火灾。

第四十五条 公安机关消防机构统一组织和指挥火灾现场扑救，应当优先保障遇险人员的生命安全。

火灾现场总指挥根据扑救火灾的需要，有权决定下列事项：

（一）使用各种水源；

（二）截断电力、可燃气体和可燃液体的输送，限制用火用电；

（三）划定警戒区，实行局部交通管制；

（四）利用临近建筑物和有关设施；

（五）为了抢救人员和重要物资，防止火势蔓延，拆除或者破损毗邻火灾现场的建筑物、构筑物或者设施等；

（六）调动供水、供电、供气、通信、医疗救护、交通运输、环境保护等有关单位协助灭火救援。

根据扑救火灾的紧急需要，有关地方人民政府应当组织人员、调集所需物资支援灭火。

第四十六条 公安消防队、专职消防队参加火灾以外的其他重大灾害事故的应急救援工作，由县级以上人民政府统一领导。

第四十七条 消防车、消防艇前往执行火灾扑救或者应急救援任务，在确保安全的前提下，不受行驶速度、行驶路线、行驶方向和指挥信号的限制，其他车辆、船舶以及行人应当让行，不得穿插超越；收费公路、桥梁免收车辆通行费。交通管理指挥人员应当保证消防车、消防艇迅速通行。

赶赴火灾现场或者应急救援现场的消防人员和调集的消防装备、物资，需要铁路、水路或者航空运输的，有关单位应当优先运输。

第四十八条 消防车、消防艇以及消防器材、装备和设施，不得用于与消防和应急救援工作无关的事项。

第四十九条 公安消防队、专职消防队扑救火灾、应急救援，不得收取任何费用。

单位专职消防队、志愿消防队参加扑救外单位火灾所损耗的燃料、灭火剂和器材、装备等，由火灾发生地的人民政府给予补偿。

第五十条 对因参加扑救火灾或者应急救援受伤、致残或者死亡的人员，按照国家有关规定给予医疗、抚恤。

第五十一条 公安机关消防机构有权根据需要封闭火灾现场，负责调查火灾原因，统计火灾损失。

火灾扑灭后，发生火灾的单位和相关人员应当按照公安机关消防机构的要求保护现场，接受事故调查，如实提供与火灾有关的情况。

公安机关消防机构根据火灾现场勘验、调查情况和有关的检验、鉴定意见，及时制作火灾事故认定书，作为处理火灾事故的证据。

第五章　监督检查

第五十二条 地方各级人民政府应当落实消防工作责任制，对本级人民政府有关部门履行消防安全职责的情况进行监督检查。

县级以上地方人民政府有关部门应当根据本系统的特点，有针对性地开展消防安全检查，及时督促整改火灾隐患。

第五十三条 公安机关消防机构应当对机关、团体、企业、事业等单位遵守消防法律、法规的情况依法进行监督检查。公安派出所可以负责日常消防监督检查、开展消防宣传教育，具体办法由国务院公安部门规定。

公安机关消防机构、公安派出所的工作人员进行消防监督检查，应当出示证件。

第五十四条 公安机关消防机构在消防监督检查中发现火灾隐患的，应当通知有关单位或者个人立即采取措施消除隐患；不及时消除隐患可能严重威胁公共安全的，公安机关消防机构应当依照规定对危险部位或者场所采取临时查封措施。

第五十五条 公安机关消防机构在消防监督检查中发现城乡消防安全布局、公共消防设施不符合消防安全要求，或者发现本地区存在影响公共安全的重大火灾隐患的，应当由公安机关书面报告本级人民政府。

接到报告的人民政府应当及时核实情况，组织或者责成有关部门、单位采取措施，予以整改。

第五十六条 公安机关消防机构及其工作人员应当按照法定的职权和程序进行消防设计审核、消防验收和消防安全检查，做到公正、严格、文明、高效。

公安机关消防机构及其工作人员进行消防设计审核、消防验收和消防安全检查等，不得收取费用，不得利用消防设计审核、消防验收和消防安全检查谋取利益。公安机关消防机构及其工作人员不得利用职务为用户、建设单位指定或者变相指定消防产品的品牌、销售单位或者消防技术服务机构、消防设施施工单位。

第五十七条 公安机关消防机构及其工作人员执行职务，应当自觉接受社会和公民的监督。

任何单位和个人都有权对公安机关消防机构及其工作人员在执法中的违法行为进行检举、控告。收到检举、控告的机关，应当按照职责及时查处。

第六章　法律责任

第五十八条 违反本法规定，有下列行为之一的，责令停止施工、停止使用或者停产停业，并处三万元以上三十万元以下罚款：

（一）依法应当经公安机关消防机构进行消防设计审核的建设工程，未经依法审核或者审核不合格，擅自施工的；

（二）消防设计经公安机关消防机构依法抽查不合格，不停止施工的；

（三）依法应当进行消防验收的建设工程，未经消防验收或者消防验收不合格，擅自投入使用的；

（四）建设工程投入使用后经公安机关消防机构依法抽查不合格，不停止使用的；

（五）公众聚集场所未经消防安全检查或者经检查不符合消防安全要求，擅自投入使用、营业的。

建设单位未依照本法规定将消防设计文件报公安机关消防机构备案，或者在竣工后未依照本法规定报公安机关消防机构备案的，责令限期改正，处五千元以下罚款。

第五十九条 违反本法规定，有下列行为之一的，责令改正或者停止施工，并处一万元以上十万元以下罚款：

（一）建设单位要求建筑设计单位或者建筑施工企业降低消防技术标准设计、施工的；

（二）建筑设计单位不按照消防技术标准强制性要求进行消防设计的；

（三）建筑施工企业不按照消防设计文件和消防技术标准施工，降低消防施工质量的；

（四）工程监理单位与建设单位或者建筑施工企业串通，弄虚作假，降低消防施工质量的。

第六十条 单位违反本法规定，有下列行为之一的，责令改正，处五千元以上五万元以下罚款：

（一）消防设施、器材或者消防安全标志的配置、设置不符合国家标准、行业标准，或者未保持完好有效的；

（二）损坏、挪用或者擅自拆除、停用消防设施、器材的；

（三）占用、堵塞、封闭疏散通道、安全出口或者有其他妨碍安全疏散行为的；

（四）埋压、圈占、遮挡消火栓或者占用防火间距的；

（五）占用、堵塞、封闭消防车通道，妨碍消防车通行的；

（六）人员密集场所在门窗上设置影响逃生和灭火救援的障碍物的；

（七）对火灾隐患经公安机关消防机构通知后不及时采取措施消除的。

个人有前款第（二）项、第（三）项、第（四）项、第（五）项行为之一的，处警告或者五百元以下罚款。

有本条第一款第（三）项、第（四）项、第（五）项、第（六）项行为，经责令改正拒不改正的，强制执行，所需费用由违法行为人承担。

第六十一条 生产、储存、经营易燃易爆危险品的场所与居住场所设置在同一建筑物内，或者未与居住场所保持安全距离的，责令停产停业，并处五千元以上五万元以下罚款。 生产、储存、经营其他物品的场所与居住场所设置在同一建筑物内，不符合消防技术标准的，依照前款规定处罚。

第六十二条 有下列行为之一的，依照《中华人民共和国治安管理处罚法》的规定处罚：

（一）违反有关消防技术标准和管理规定生产、储存、运输、销售、使用、销毁易燃易爆危险品的；

（二）非法携带易燃易爆危险品进入公共场所或者乘坐公共交通工具的；

（三）谎报火警的；

（四）阻碍消防车、消防艇执行任务的；

（五）阻碍公安机关消防机构的工作人员依法执行职务的。

第六十三条 违反本法规定，有下列行为之一的，处警告或者五百元以下罚款；情节严重的，处五日以下拘留：

（一）违反消防安全规定进入生产、储存易燃易爆危险品场所的；

（二）违反规定使用明火作业或者在具有火灾、爆炸危险的场所吸烟、使用明火的。

第六十四条 违反本法规定，有下列行为之一，尚不构成犯罪的，处十日以上十五日以下拘留，可以并处五百元以下罚款；情节较轻的，处警告或者五百元以下罚款：

（一）指使或者强令他人违反消防安全规定，冒险作业的；

（二）过失引起火灾的；

（三）在火灾发生后阻拦报警，或者负有报告职责的人员不及时报警的；

（四）扰乱火灾现场秩序，或者拒不执行火灾现场指挥员指挥，影响灭火救援的；

（五）故意破坏或者伪造火灾现场的；

（六）擅自拆封或者使用被公安机关消防机构查封的场所、部位的。

第六十五条 违反本法规定，生产、销售不合格的消防产品或者国家明令淘汰的消防产品的，由产品质量监督部门或者工商行政管理部门依照《中华人民共和国产品质量法》的规定从重处罚。

人员密集场所使用不合格的消防产品或者国家明令淘汰的消防产品的，责令限期改正；逾期不改正的，处五千元以上五万元以下罚款，并对其直接负责的主管人员和其他直接责任人员处五百元以上二千元以下罚款；情节严重的，责令停产停业。

公安机关消防机构对于本条第二款规定的情形，除依法对使用者予以处罚外，应当将发现不合格的消防产品和国家明令淘汰的消防产品的情况通报产品质量监督部门、工商行政管理部门。产品质量监督部门、工商行政管理部门应当对生产者、销售者依法及时查处。

第六十六条 电器产品、燃气用具的安装、使用及其线路、管路的设计、敷设、维护保养、检测不符合消防技术标准和管理规定的，责令限期改正；逾期不改正的，责令停止使用，可以并处一千元以上五千元以下罚款。

第六十七条 机关、团体、企业、事业等单位违反本法第十六条、第十七条、第十八条、第二十一条第二款规定的，责令限期改正；逾期不改正的，对其直接负责的主管人员和其他直接责任人员依法给予处分或者给予警告处罚。

第六十八条 人员密集场所发生火灾，该场所的现场工作人员不履行组织、引导在场人员疏散的义务，情节严重，尚不构成犯罪的，处五日以上十日以下拘留。

第六十九条 消防产品质量认证、消防设施检测等消防技术服务机构出具虚假文件的，责令改正，处五万元以上十万元以下罚款，并对直接负责的主管人员和其他直接责任人员处一万元以上五万元以下罚款；有违法所得的，并处没收违法所得；给他人造成损失的，依法承担赔偿责任；情节严重的，由原许可机关依法责令停止执业或者吊销相应资质、资格。

前款规定的机构出具失实文件，给他人造成损失的，依法承担赔偿责任；造成重大损失的，由原许可机关依法责令停止执业或者吊销相应资质、资格。

第七十条 本法规定的行政处罚，除本法另有规定的外，由公安机关消防机构决定；其中拘留处罚由县级以上公安机关依照《中华人民共和国治安管理处罚法》的有关规定决定。

公安机关消防机构需要传唤消防安全违法行为人的，依照《中华人民共和国治安管理处罚法》的有关规定执行。

被责令停止施工、停止使用、停产停业的，应当在整改后向公安机关消防机构报告，经公安机关消防机构检查合格，方可恢复施工、使用、生产、经营。

当事人逾期不执行停产停业、停止使用、停止施工决定的，由作出决定的公安机关消防机构强制执行。

责令停产停业，对经济和社会生活影响较大的，由公安机关消防机构提出意见，并由公安机关报请本级人民政府依法决定。本级人民政府组织公安机关等部门实施。

第七十一条 公安机关消防机构的工作人员滥用职权、玩忽职守、徇私舞弊，有下列行为之一，尚不构成犯罪的，依法给予处分：

（一）对不符合消防安全要求的消防设计文件、建设工程、场所准予审核合格、消防验收合格、消防安全检查合格的；

（二）无故拖延消防设计审核、消防验收、消防安全检查，不在法定期限内履行审批职责的；

（三）发现火灾隐患不及时通知有关单位或者个人整改的；

（四）利用职务为用户、建设单位指定或者变相指定消防产品的品牌、销售单位或者消防技术服务机构、消防设施施工单位的；

（五）将消防车、消防艇以及消防器材、装备和设施用于与消防和应急救援无关的事项的；

（六）其他滥用职权、玩忽职守、徇私舞弊的行为。

建设、产品质量监督、工商行政管理等其他有关行政主管部门的工作人员在消防工作中滥用职权、玩忽职守、徇私舞弊，尚不构成犯罪的，依法给予处分。

第七十二条 违反本法规定，构成犯罪的，依法追究刑事责任。

第七章 附 则

第七十三条 本法下列用语的含义：

（一）消防设施，是指火灾自动报警系统、自动灭火系统、消火栓系统、防烟排烟系统以及应急广播和应急照明、安全疏散设施等。

（二）消防产品，是指专门用于火灾预防、灭火救援和火灾防护、避难、逃生的产品。

（三）公众聚集场所，是指宾馆、饭店、商场、集贸市场、客运车站候车室、客运码头候船厅、民用机场航站楼、体育场馆、会堂以及公共娱乐场所等。

（四）人员密集场所，是指公众聚集场所，医院的门诊楼、病房楼，学校的教学楼、图书馆、食堂和集体宿舍，养老院，福利院，托儿所，幼儿园，公共图书馆的阅览室，公共展览馆、博物馆的展示厅，劳动密集型企业的生产加工车间和员工集体宿舍，旅游、宗教活动场所等。

第七十四条 本法自 2009 年 5 月 1 日起施行。

附　录 2

重庆市人民代表大会常务委员会公告

[2010] 第 13 号

《重庆市消防条例》已于 2010 年 5 月 14 日经重庆市第三届人民代表大会常务委员会第十七次会议通过，现予公布，自 2010 年 9 月 1 日起施行。

重庆市人民代表大会常务委员会

2010 年 5 月 27 日

重庆市消防条例

第一章　总　则

第一条　为了预防火灾和减少火灾的危害，保护人身、财产安全，维护公共安全，根据《中华人民共和国消防法》，结合本市实际，制定本条例。

第二条　本市行政区域内的单位和个人应当遵守本条例。

第三条　消防工作贯彻预防为主、防消结合的方针，坚持政府统一领导、部门依法监管、单位全面负责、公民积极参与的原则，实行消防安全责任制。

第四条　市人民政府统一领导本市消防工作，区县（自治县）、乡镇人民政府负责本行政区域内的消防工作。

市、区县（自治县）人民政府应当将消防工作纳入国民经济和社会发展计划，保障消防工作与经济建设和社会发展相适应。

各级人民政府或者行政主管部门对在消防工作中做出显著成绩的单位和个人，应当给予表彰、奖励。

第五条　市、区县（自治县）公安机关对本行政区域内的消防工作实施监督管理，并由本级公安机关消防机构负责具体实施。

军事设施的消防工作，由其主管单位监督管理，公安机关消防机构协助；矿井地下部分、核电厂的消防工作，由其主管单位监督管理。

铁路、民航、航运、森林的消防工作由其专业公安机关在其职责范围内实施监督管理。

第六条　每年11月9日为本市消防活动日。

第二章　消防职责

第七条　市、区县（自治县）人民政府应当履行下列消防安全职责：

（一）统筹城乡消防发展，将消防规划纳入城乡规划，并负责组织实施；

（二）落实消防安全责任制，协调解决本行政区域内的消防安全重大问题；

（三）组织有关部门针对本行政区域内的火灾特点制定应急预案，建立应急反应和处置机制，加强综合性应急救援队伍建设；

（四）制定消防宣传计划，组织有关部门开展经常性的消防宣传教育活动；

（五）按照国家有关规定建设多种形式的消防组织，并根据消防工作需要配备消防装备；

（六）将消防业务经费纳入本级财政预算予以保障；

（七）法律、行政法规规定的其他职责。

乡镇人民政府、街道办事处应当履行前款第（二）、（三）、（四）、（五）、（七）项规定的消防安全职责，并指导、支持和帮助村民委员会、居民委员会开展群众性的消防安全工作。

第八条　公安机关消防机构应当履行下列职责：

（一）贯彻执行消防法律、法规和技术规范、标准；

（二）开展消防安全宣传，组织和指导消防安全培训；

（三）组织编制消防规划，协调、配合有关部门实施规划；

（四）依法实施建设工程消防设计审核、消防验收和备案、抽查，负责公众聚集场所投入使用、营业前的消防安全检查；

（五）依法实施消防监督检查，确定本行政区域内的消防安全重点单位，监督火灾隐患整改，及时报告、通报重大火灾隐患情况；

（六）督促、指导专职消防队、志愿消防队工作，开展消防业务训练和灭火演练；

（七）扑救火灾，调查火灾事故原因，统计火灾事故损失；

（八）依法承担灾害事故和其他应急救援工作；

（九）法律、行政法规规定的其他职责。

第九条　公安派出所依法实施消防监督检查、开展消防宣传教育，接受公安机关消防机构的委托实施火灾事故简易调查和消防行政处罚。

公安机关消防机构应当加强对公安派出所消防业务的指导和监督。

第十条　各级人民政府有关部门应当根据本系统的特点，有针对性地开展消防安全检查，督促整改火灾隐患。

教育、人力社保、规划、城乡建设、文化广电、商委、新闻出版、国土房管、交通、市政、工商、质监、卫生、旅游等行政主管部门应当按照各自的职责依法加强消防安全监督管理。

市政消火栓、消防车通道、消防通信等公共消防设施的建设、维护、管理，按照国家和本市的有关规定执行。

第十一条　各类学校和有关职业培训机构应当将消防知识纳入教育、教学、培训的内容。

新闻、广播、电视等有关单位应当有针对性地面向社会进行消防宣传教育。

工会、共青团、妇女联合会等团体应当结合各自工作对象的特点，组织开展消防宣传教育。

村民委员会、居民委员会应当协助人民政府以及公安机关等部门，加强消防宣传教育。

第十二条　单位应当履行下列职责：

（一）贯彻执行消防法律、法规和技术规范、标准；

（二）制定灭火和应急疏散预案，并定期组织有针对性的演练，提高组织疏散逃生的能力；

（三）落实消防安全责任制，组织防火安全检查，及时消除火灾隐患，提高隐患整改的能力；

（四）开展消防安全知识宣传教育，提高宣传教育的能力；

（五）按照国家有关规定配置、维护消防设施和器材，确保消防设施和器材完好、有效；

（六）保障消防车通道、疏散通道和安全出口畅通，满足扑救场地灭火救援的需要；

（七）依法组建、管理专职消防队、志愿消防队，开展消防业务演练，提高扑救初起火灾的能力；

（八）保护火灾现场，协助火灾调查；

（九）法律、行政法规规定的其他消防安全职责。

第十三条　发生火灾可能性较大以及一旦发生火灾可能造成人身重大伤亡或者财产重大损失的消防安全重点单位，除应当履行前条规定的职责外，还应当履行下列消防安全职责：

（一）确定消防安全管理人，组织实施本单位的消防安全管理工作，并报当地公安机关消防机构备案；

（二）建立消防档案，确定防火安全重点部位，严格管理；

（三）实行每日防火巡查制度，做好巡查记录；

（四）对职工进行消防安全培训。

第十四条　公民应当履行下列消防安全义务：

（一）遵守消防法律、法规和有关消防安全规定；

（二）安全用火、用电、用油、用气；

（三）爱护公共消防设施；

（四）不乱堆、乱放易燃、可燃物，不堵塞公共通道；

（五）学习、掌握相应的防火、报警、灭火和逃生、救生方法，增强自防自救能力；

（六）监护人对被监护人进行火灾预防教育。

第十五条　下列单位应当建立专职消防队：

（一）民用机场、大型发电厂、大型港口；

（二）生产、储存易燃易爆危险物品的大型企业，以及火灾危险性较大、距离公安消防队较远的其他大型企业；

（三）储备重要物资的大型仓库、大型储油、储气基地；

（四）距离公安消防队较远、被列为国家重点文物保护的古建筑管理单位；

（五）县级以上人民政府确定的其他单位。

高速公路的经营管理单位可以根据消防安全工作的实际需要，组建专职消防队。

专职消防队所需经费由组建单位承担。

第十六条　专职消防队的建立应当符合国家有关规定，并报所在地公安机关消防机构验收；专职消防队确需撤销的，应当经市级公安机关消防机构同意。

第十七条 专职消防队应当制定教育训练计划，开展业务训练，建立执勤制度，并在责任区内开展防火巡查和消防宣传教育，发生火灾时，应及时扑救。

专职消防人员的各项社会保险、福利待遇应当符合国家和本市的有关规定。

第十八条 本条例第十五条规定以外的单位和组织，可以建立志愿消防队。

志愿消防队应当根据需要配备必要的器材，组织消防演练，承担火灾自救工作。

第三章 火灾预防

第十九条 城镇应当制定消防规划。消防规划包括消防安全布局和消防站、消防给水、消防车通道、消防通信、消防装备等内容。

消防规划应当纳入城乡规划，公共消防设施应当与其他市政基础设施统一规划，统一设计，统一建设。

公共消防设施、消防装备应当按照国家有关技术规范的要求，增建、改建、配置或者进行技术改造。

第二十条 规划行政主管部门对依法批准的消防规划中确定的消防队（站）和设施用地，应当予以控制预留，任何单位和个人不得随意改变、占用。确需调整的，应当按照法定程序报批。

第二十一条 依法应当进行消防设计审核的新建、扩建、改建等建设工程，建设单位或者个人应当将消防设计文件报送公安机关消防机构审核，公安机关消防机构应当自受理申请之日起十个工作日内作出同意或者不同意的书面决定；对作出不同意决定的，应当说明理由。

其他建设工程，建设单位或者个人应当自依法取得施工许可之日起七个工作日内，将消防设计文件报公安机关消防机构备案，公安机关消防机构应当依法进行抽查。

依法应当进行消防设计审核的建设工程，未经依法审核或者经审核不合格的，建设单位或者个人、施工单位不得施工；其他建设工程取得施工许可后，消防设计文件经依法抽查不合格的，应当停止施工。

第二十二条 依法应当由专家评审的消防设计建设工程，市公安机关消防机构应当会同建设行政主管部门组织专家评审。

第二十三条 经依法审核合格的建设工程消防设计需要变更的，应当报经原审核的公安机关消防机构核准。未经核准的，任何单位和个人不得变更。

已备案的消防设计发生变更后，建设单位或者个人应当自变更之日起七个工作日内，将变更后的消防设计文件报原公安机关消防机构备案。

第二十四条　依法经审核合格的建设工程竣工后，建设单位或者个人应当向公安机关消防机构申请消防验收。公安机关消防机构应当自受理申请之日起十个工作日内作出同意或者不同意的书面决定；对作出不同意决定的，应当说明理由。

其他建设工程，建设单位或者个人应当组织设计、施工、工程监理单位进行消防竣工验收，并在竣工验收之日起七个工作日内报公安机关消防机构备案，公安机关消防机构应当依法进行抽查。

依法应当进行消防验收的建设工程，未经消防验收或者消防验收不合格的，禁止投入使用；其他建设工程经依法抽查不合格的，应当停止使用。

对设有建筑自动消防设施的建设工程，建设单位或者个人在申请验收时应当提交具备检测资质的检测机构出具的对相关系统的检测报告。

第二十五条　公众聚集场所在投入使用、营业前，建设单位或使用单位应当向当地公安机关消防机构申请消防安全检查。

公安机关消防机构应当自受理申请之日起七个工作日内，对该场所进行消防安全检查，自检查之日起三个工作日内作出同意或者不同意的书面决定；对作出不同意决定的，应当说明理由。

第二十六条　施工单位应当对在建工程施工现场的消防安全负责，制定消防安全管理制度，确定消防安全责任人，落实用火、用电防范措施，保障消防车通道畅通，配备必要的灭火器具。

建筑物施工高度超过二十四米时，施工单位应当根据施工进度落实消防水源。

不得在尚未竣工的建筑物内设置员工宿舍。

第二十七条　建筑物专有部分的消防安全由业主负责，共有部分的消防安全由所有业主共同负责，并确定责任人对建筑物共有部分的疏散通道、安全出口、消防设施和消防车通道等实行统一管理。

建筑物未实行统一管理的，其所在地的居民委员会、村民委员会应当协调、指导业主制定防火安全公约，督促确定消防安全管理人，落实消防安全措施。

第二十八条　建筑物的业主委托物业服务企业管理的，物业服务合同中应当明确消防安全责任、维护和管理共用消防设施、保障安全出口和消防通道畅通、开展防火安全巡查、组织消防宣传教育、制定并组织灭火和应急疏散预案的演练等消防安全防范的内容。

物业服务企业应当按照物业服务合同，在委托管理的范围内履行消防安全管理责任，提供消防安全防范服务。

第二十九条　建筑物实行承包、租赁或者委托经营管理的，业主应当提供符合消防安全要求的建筑物或者场所。

承包人、承租人或者受委托人应当在其使用、管理范围内履行消防安全义务。

第三十条　设有消防设施的建设工程投入使用后，业主或者管理人应当对消防设施进行日常管理、维护保养，并委托具备建筑消防设施检测资质的单位对建筑自动消防设施，每年至少进行一次全面检测，保证消防设施的正常使用。

对共用消防设施和器材进行检测、维修、更新、改造所需的经费，保修期内由建设单位承担；保修期满的按照物业专项维修资金的管理规定列支；未建立物业专项维修资金的，由业主约定承担；没有约定或者约定不明确的，由业主按照专有部分占建筑物总面积的比例确定。

第三十一条　建筑工程消防设计、施工、消防验收以及建筑构件、建筑材料和室内装修、装饰材料的防火性能应当符合国家标准；没有国家标准的，应当符合行业标准；没有行业标准的，应当符合地方标准；没有上述标准的，应当按照有关规定办理。

人员密集场所室内装修、装饰应当符合消防技术标准。装修材料应当报送法定的检验机构进行见证取样检验。

第三十二条　消防产品应当符合国家标准；没有国家标准的，应当符合行业标准。禁止生产、销售或者使用不合格的消防产品以及国家明令淘汰的消防产品。维修消防设施和器材禁止使用不合格的配件或者灭火剂。

对使用不合格的消防产品或者国家明令淘汰的消防产品的，公安机关消防机构应当依法查处，并自检查发现之日起三个工作日内将情况抄告质监、工商部门。质监、工商部门应当及时查处生产、销售不合格或者国家明令淘汰的消防产品的违法行为，并在处理后五个工作日内抄告公安机关消防机构。

第三十三条　生产、储存和装卸易燃易爆危险物品的工厂、仓库和专用车站、码头，必须设置在城镇边缘或者相对独立的安全地带。

易燃易爆气体和液体的充装站、供应站、调压站的设置应当符合防火防爆要求。

第三十四条　生产、储存、运输、销售、使用、销毁易燃易爆危险物品，必须执行国家有关消防安全的规定。

生产易燃易爆危险物品的单位，对产品应当附有燃点、闪点、爆炸极限等数据的说明书，标明防火防爆注意事项。

运输易燃易爆危险物品的车船应当按照规定的路线、时间及有关要求行驶，并配置危险货物标志和相应的灭火设施。

进入生产、储存易燃易爆危险物品的场所，必须执行国家有关消防安全的规定。禁止携带火种进入生产、储存易燃易爆危险物品的场所。禁止非法携带易燃易爆危险物品进入公共场所或者乘坐公共交通工具。禁止载客进入加油站加油和燃气充装站充气。

第三十五条　高层建筑的消防安全，应当立足自防自救的原则，实行严格和科学的管理。

第三十六条　重要隧道、桥梁应当设置和完善必要的防火、灭火和抢险救援设施、设备。

第三十七条　城镇人民防空地下工程和其他地下工程，和平时期严禁用于生产、储存和销售易燃易爆危险物品。

第三十八条　单位或者场所设有消防控制室的，必须实行专人二十四小时值班制度。

政府鼓励人员密集场所设置的火灾自动报警系统与城市消防安全远程监控系统联网。

第三十九条　大型储油、储气罐等易燃易爆装置和具有火灾和爆炸危险性的场所从事明火作业，必须事先报经单位消防安全管理人，办理明火作业手续，制定安全操作流程，专人现场监护，落实安全防范措施。

第四十条　搭建临时建（构）筑物应当符合消防安全要求，不得占据消防通道和妨碍消防车通行。

第四十一条　公共交通工具应当按照国家、本市的有关规定配备消防器材、逃生救助工具和设施，保持其完好、有效，并设置明显标识和使用说明。

公共交通工具的从业人员应当掌握消防器材的使用方法，在火灾等突发事件发生时，应当立即组织、引导乘客疏散。

各类停车场应当根据停车规模配置一定数量的消防设施设备。

第四十二条　禁止在高层建筑、地下工程消防重点部位的安全距离内、垃圾道和其他容易引起火灾及人员伤亡的场所焚烧物品。

第四十三条　消防车（艇）和消防设施设备，不得用于与消防和应急救援工作无关的事项。任何单位和个人不得损毁消防设施，不得埋压、圈占消防水源，不得擅自移动、拆卸消火栓和取用消防用水，不得在消防水池内放养家禽和向池内倾倒垃圾杂物。

距市政消火栓五米半径内不准设置固定设施。因施工可能影响消火栓使用的，应当报告公安机关消防机构，并采取相应补救措施，设立醒目标志。

人员密集场所的门窗不得设置影响逃生和灭火救援的障碍物。

第四十四条　旧城改造、新区开发应当按照国家工程建设消防技术标准和城乡消防规划要求，合理规划、建设和改造消防车通道、消防安全疏散通道。

无市政消火栓或者消防供水不足且无消防车通道的街道和大面积棚户区，建设或者管理单位应当根据消防需要，修建或者完善消防供水设施。

第四十五条　因道路施工或者因停水、停电、切断通信线路可能影响灭火救援工作的，有关单位应当事先通知公安机关消防机构。

第四十六条 下列人员应当参加有关单位组织的消防安全培训：

（一）公众聚集场所从业人员、人员密集场所的保安人员、物业服务企业的工作人员应当由用人单位或委托社会培训机构进行消防安全培训；

（二）居民委员会和村民委员会的负责人、专职消防队和志愿消防队的负责人、单位的消防安全责任人，应当由公安机关消防机构组织消防安全培训；

（三）实施消防安全管理、建筑防火和自动消防设施施工、操作、检测、维护工作的人员应当由消防安全专业培训机构进行消防安全专业培训。

进行电焊、气焊等具有火灾危险的作业人员和自动消防系统的操作人员，必须持证上岗，并严格遵守消防安全操作规程。

第四十七条　单位应当结合实际制定灭火和应急疏散预案。预案应当包括下列内容：

（一）确定灭火行动、通讯联络、疏散引导、安全防护救护等人员分工；

（二）报警和接警处置措施；

（三）扑救初起火灾和应急疏散措施；

（四）通信联络、安全防护救护措施。

托儿所、幼儿园、学校、养老院、福利院、医院等单位的灭火和应急疏散预案，应当包含在火灾发生时保护婴幼儿、学生、老人、残疾人、病人的相应措施。

第四十八条　单位应当按照灭火和应急疏散预案实施消防演练；演练时，应当设置明显标识，并事先告知演练范围内的人员。

人员密集场所经营单位、物业服务企业在开展消防演练时，应当有针对性地培训员工在火灾或者灾害事故发生时组织、引导在场人员有序疏散的技能。

单位、物业业主及使用人应当配合公安消防队、专职消防队开展灭火救援演练。

第四十九条 从事消防产品质量认证、消防设施检测、消防安全监测、消防技术咨询、消防安全评估、火灾损失核定等技术服务的机构及其人员，应当依法取得相应的资质和从业资格，并对所提供的服务质量负责，承担相应的法律责任。公安机关消防机构及其他有关部门应当对其进行监督。

第五十条　公众聚集场所的经营者或者所有者，应当根据国家有关规定和消防安全的需要投保火灾公众责任险。鼓励和引导生产、储存、运输、销售易燃易爆危险品的企业投保火灾公众责任险。

第四章　灭火救援

第五十一条　任何人发现火灾，都应当立即报警。任何单位和个人都应当无偿为报警提供便利，不得阻拦报警。严禁谎报火警和非法占用消防通信设施。

发生火灾的单位，应当立即疏散人员，并组织力量扑救。邻近单位和个人应当主动参加灭火救援工作，并提供物资支援。

人员密集场所发生火灾时，该场所工作人员必须组织、引导在场群众疏散。

消防队接到报警后必须立即赶赴火灾现场，抢救遇险人员，排除险情，扑灭火灾。

第五十二条　消防车（艇）赶赴火灾现场或者执行其他抢险救援任务时，在确保安全的前提下，不受行驶速度、行驶路线、行驶方向和指挥信号的限制，其他车（船）和行人必须避让，并不得穿插、超越。交通管理指挥人员应当保证消防车（艇）迅速通行。

消防车（艇）免缴行驶、停靠等费用。

第五十三条　公安机关消防机构统一组织和指挥火灾现场扑救。火灾现场总指挥根据扑救火灾的需要，有权决定下列事项，任何单位、个人不得拒绝、干扰和阻拦：

（一）使用各种水源及供水设施设备；

（二）截断电力、可燃气体和液体的输送，限制用火用电；

（三）划定警戒区，实行局部交通管制，命令人员转移；

（四）拆除使火灾蔓延或者阻碍灭火进行的建（构）筑物，使用临近的建（构）筑物和有关设施；

（五）调动供水、供电、供气、医疗救护、通信、交通运输、环境保护等单位协助灭火救援；

（六）扑救火灾需要采取的其他紧急事项。

根据扑救火灾的需要，有关地方人民政府应当组织有关人员、调集所需物资支援灭火；在灭火救援中，因采取强制排除险情给第二方的财产造成损失的，应当依法给予补偿。

公安机关消防机构参与应急救援时，现场总指挥可以根据应急救援需要参照本条第一款的规定行使职权。

第五十四条　火灾扑灭后，起火单位或者个人应当接受公安机关消防机构火灾事故调查，协助统计火灾损失，如实提供有关情况，未经公安机关消防机构同意，不得擅自处理火灾现场。

第五十五条　消防职业活动中消防员的职业健康，应当符合有关国家标准。

对在灭火救援、执勤训练中受伤、致残或者牺牲的人员，按照国家规定给予表彰奖励和抚恤救助。

第五章　法律责任

第五十六条　违反本条例规定的行为，《中华人民共和国消防法》等法律、行政法规已有规定的，从其规定。

第五十七条　违反本条例规定，个人有下列行为之一的，责令停止施工、停止使用或者停产停业，并处二千元以上一万元以下罚款：

（一）依法应当经公安机关消防机构进行消防设计审核的建设工程，未经依法审核或者审核不合格，擅自施工的；

（二）经公安机关消防机构审核合格的建设工程未经原审核的公安机关消防机构核准，擅自变更的；

（三）消防设计经公安机关消防机构依法抽查不合格，不停止施工的；

（四）依法应当进行消防验收的建设工程，未经消防验收或者消防验收不合格，擅自投入使用的；

（五）建设工程投入使用后经公安机关消防机构依法抽查不合格，不停止使用的；

（六）公众聚集场所未经消防安全检查或者经检查不符合消防安全要求，擅自投入使用、营业的。

第五十八条　经公安机关消防机构审核合格的建设工程未经原审核的公安机关消防机构核准，单位擅自变更的，责令停止施工、停止使用或者停产停业，并处三万元以上三十万元以下罚款。

第五十九条　违反本条例规定，有下列行为之一的，责令限期改正，对单位处一千元以上五千元以下罚款；个人违反的，对个人处五百元以上二千元以下罚款：

（一）未按规定将消防设计文件报公安机关消防机构备案，或者在竣工验收后未报公安机关消防机构备案的；

（二）已备案的消防设计变更后，未报原公安机关消防机构备案的。

第六十条　违反本条例规定，有下列行为之一的，责令限期改正；逾期不改正的，对单位处二千元以上一万元以下罚款；个人违反的，对个人处二百元以上一千元以下罚款：

（一）建筑构件、建筑材料和室内装修、装饰材料的防火性能不符合国家标准、行业标准或者地方标准的；

（二）人员密集场所室内装修、装饰材料未报送法定的检验机构进行见证取样检验的。

第六十一条 违反本条例规定，单位有下列行为之一的，责令限期改正；逾期不改正的，处一千元以上五千元以下罚款：

（一）施工单位不依法履行施工现场消防安全职责的；

（二）建筑物施工高度超过二十四米时，施工单位未根据施工进度落实消防水源的；

（三）施工单位在尚未竣工的建筑物内设置员工集体宿舍的。

第六十二条 违反本条例规定，个人有下列行为之一的，责令改正，处一百元元以上五百元以下罚款：

（一）消防设施、器材配置不符合国家有关规定，或者未保持完好有效的；

（二）人员密集场所在门窗上设置影响逃生和灭火救援的障碍物的。

第六十三条 违反本条例规定，有下列行为之一的，责令改正，单位违反的，对单位处二千元以上一万元以下罚款；个人违反的，对个人处五百元以下罚款：

（一）公共交通工具、停车场未按规定配置消防设施设备的；

（二）违反消防安全规定焚烧物品的；

（三）载客进入加油站加油和燃气充装站充气的。

第六十四条 违反本条例规定，消防控制室无人值班的，属于有关单位未事先安排的，责令改正，对单位处五千元以上一万元以下罚款；属于有关人员擅离岗位的，责令改正，对个人处五百元以上一千元以下罚款。

第六十五条 违反本条例规定，有关单位未组织人员参加消防安全培训的，责令改正，对单位处二千元以上五千元以下罚款；有关人员未参加消防安全培训的，责令改正，对个人处二百元以上五百元以下罚款。

第六十六条 违反本条例规定，过失引起火灾的，对单位处一万元以上十万元以下罚款。

第六十七条 公安机关消防机构对不符合消防安全的场所或者违法的消防产品、易燃易爆危险品，可以依法查封或者扣押。

第六十八条 对违反本条例实施的处罚，由县级以上公安机关消防机构决定。其中，拘留处罚由县级以上公安机关依照《中华人民共和国治安管理处罚法》的规定决定。

责令停产停业，对经济和社会生活影响较大的，由公安机关报请本级人民政府依法决定。

第六十九条 公安机关消防机构的工作人员在消防工作中滥用职权、玩忽职守、徇私舞弊，有下列行为之一，依法给予处分；构成犯罪的，依法追究刑事责任：

（一）对不符合消防安全要求的消防设计文件、建设工程、场所通过审核、验收、消防安全检查的；

（二）对符合消防安全要求的消防设计文件、建设工程、场所，故意刁难，不予审核、验收、消防安全检查的；

（三）故意拖延消防设计审核、验收、消防安全检查，不在法定期限内履行职责的；

（四）发现火灾隐患不及时通知有关单位或者个人改正的；

（五）利用职务为用户指定消防产品的销售单位、品牌或者指定建筑消防设施施工安装单位的；

（六）其他滥用职权、玩忽职守、徇私舞弊的行为。

第六章　附　则

第七十条 本条例自 2010 年 9 月 1 日起施行。

附 录3

中华人民共和国公安部令

第61号

《机关、团体、企业、事业单位消防安全管理规定》已经2001年10月19日公安部部长办公会议通过，现予发布，自2002年5月1日起施行。

公安部部长　贾春旺

二〇〇一年十一月十四日

机关、团体、企业、事业单位消防安全管理规定

第一章　总　则

第一条　为了加强和规范机关、团体、企业、事业单位的消除安全管理，预防火灾和减少火灾危害，根据《中华人民共和国消防法》，制定本规定。

第二条　本规定适用于中华人民共和国境内的机关、团体、企业、事业单位（以下统称单位）自身的消防安全管理。

法律、法规另有规定的除外。

第三条　单位应当遵守消防法律、法规、规章（以下统称消防法规），贯彻预防为主、防消结合的消防工作方针，履行消防安全职责，保障消防安全。

第四条　法人单位的法定代表人或者非法人单位的主要负责人是单位的消防安全责任人，对本单位的消防安全工作全面负责。

第五条 单位应当落实逐级消防安全责任制和岗位消防安全责任制，明确逐级和岗位消防安全职责，确定各级、各岗位的消防安全责任人。

第二章 消防安全责任

第六条 单位的消防安全责任人应当履行下列消防安全职责：

（一）贯彻执行消防法规，保障单位消防安全符合规定，掌握本单位的消防安全情况；

（二）将消防工作与本单位的生产、科研、经营、管理等活动统筹安排，批准实施年度消防工作计划；

（三）为本单位的消防安全提供必要的经费和组织保障；

（四）确定逐级消防安全责任，批准实施消防安全制度和保障消防安全的操作规程；

（五）组织防火检查，督促落实火灾隐患整改，及时处理涉及消防安全的重大问题；

（六）根据消防法规的规定建立专职消防队、义务消防队；

（七）组织制定符合本单位实际的灭火和应急疏散预案，并实施演练。

第七条 单位可以根据需要确定本单位的消防安全管理人。消防安全管理人对单位的消防安全责任人负责，实施和组织落实下列消防安全管理工作：

（一）拟订年度消防工作计划，组织实施日常消防安全管理工作；

（二）组织制订消防安全制度和保障消防安全的操作规程并检查督促其落实；

（三）拟订消防安全工作的资金投入和组织保障方案；

（四）组织实施防火检查和火灾隐患整改工作；

（五）组织实施对本单位消防设施、灭火器材和消防安全标志维护保养，确保其完好有效，确保疏散通道和安全出口畅通；

（六）组织管理专职消防队和义务消防队；

（七）组织开展对员工进行消防知识、技能的宣传教育和培训，组织灭火和应急疏散预案的实施和演练；

（八）单位消防安全责任人委托的其他消防安全管理工作。

消防安全管理人应当定期向消防安全责任人报告消防安全情况，及时报告涉及消防安全的重大问题。未确定消防安全管理人的单位，前款规定的消防安全管理工作由单位消防安全责任人负责实施。

第八条 实行承包、租赁或者委托经营、管理时，产权单位应当提供符合消防安全要求的建筑物，当事人在订立的合同中依照有关规定明确各方的消防安全责任；消防车通道、涉及公共消防安全的疏散设施和其他建筑消防设施应当由产权单位或者委托管理的单位统一管理。

承包、承租或者受委托经营、管理的单位应当遵守本规定，在其使用、管理范围内履行消防安全职责。

第九条 对于有两个以上产权单位和使用单位的建筑物，各产权单位、使用单位对消防车通道、涉及公共消防安全的疏散设施和其他建筑消防设施应当明确管理责任，可以委托统一管理。

第十条 居民住宅区的物业管理单位应当在管理范围内履行下列消防安全职责：

（一）制定消防安全制度，落实消防安全责任，开展消防安全宣传教育；

（二）开展防火检查，消防火灾隐患；

（三）保障疏散通道、安全出口、消防车通道畅通；

（四）保障公共消防设施、器材以及消防安全标志完好有效。

其他物业管理单位应当对受委托管理范围内的公共消防安全管理工作负责。

第十一条 举办集会、焰火晚会、灯会等具有火灾危险的大型活动的主办单位、承办单位以及提供场地的单位，应当在订立的合同中明确各方的消防安全责任。

第十二条 建筑工程施工现场的消防安全由施工单位负责。实行施工总承包的，由总承包单位负责。分包单位向总承包单位负责，服从总承包单位对施工现场的消防安全管理。

对建筑物进行局部改建、扩建和装修的工程，建设单位应当与施工单位在订立的合同中明确各方对施工现场的消防安全责任。

第三章 消防安全管理

第十三条 下列范围的单位是消防安全重点单位，应当按照本规定的要求，实行严格管理：

（一）商场（市场）、宾馆（饭店）、体育场（馆）、会堂、公共娱乐场所等公众聚集场所（以下统称公众聚集场所）；

（二）医院、养老院和寄宿制的学校、托儿所、幼儿园；

（三）国家机关；

（四）广播电台、电视台和邮政、通信枢纽；

（五）客运车站、码头、民用机场；

（六）公共图书馆、展览馆、博物馆、档案馆以及具有火灾危险性的文物保护单位；

（七）发电厂（站）和电网经营企业；

（八）易燃易爆化学物品的生产、充装、储存、供应、销售单位；

（九）服装、制鞋等劳动密集型生产、加工企业；

（十）重要的科研单位；

（十一）其他发生火灾可能性较大以及一旦发生火灾可能造成重大人身伤亡或者财产损失的单位。

高层办公楼（写字楼）、高层分寓楼等高层公共建筑，城市地下铁道、地下观光隧道等地下公共建筑和城市重要的交通隧道，粮、棉、木材、百货等物资集中的大型仓库和堆场，国家和省级等重点工程的施工现场，应当按照本规定对消防安全重点单位的要求，实行严格管理。

第十四条 消防安全重点单位及其消防安全责任人、消防安全管理人应当报当地公安消防机构备案。

第十五条 消防安全重点单位应当设置或者确定消防工作的归口管理职能部门，并确定专职或者兼职的消防管理人员；其他单位应当确定专职或者兼职消防管理人员，可以确定消防工作的归口管理职能部门。归口管理职能部门和专兼职消防管理人员在消防安全责任人或者消防安全管理人的领导下开展消防安全管理工作。

第十六条 公众聚集场所应当在具备下列消防安全条件后，向当地公安消防机构申报进行消防安全检查，经检查合格后方可开业使用：

（一）依法办理建筑工程消防设计审核手续，并经消防验收合格；

（二）建立健全消防安全组织，消防安全责任明确；

（三）建立消防安全管理制度和保障消防安全的操作规程；

（四）员工经过消防安全培训；

（五）建筑消防设施齐全、完好有效；

（六）制定灭火和应急疏散预案。

第十七条 举办集会、焰火晚会、灯会等具有火灾危险的大型活动，主办或者承办单位应当在具备消防安全条件后，向公安消防机构申报对活动现场进行消防安全检查，经检查合格后方可举办。

第十八条 单位应当按照国家有关规定，结合本单位的特点，建立健全各项消防安全制度和保障消防安全的操作规程，并公布执行。

单位消防安全制度主要包括以下内容：消防安全教育、培训；防火巡查、检查；安全疏散设施管理；消防（控制室）值班；消防设施、器材维护管理；火灾隐患整改；

用火、用电安全管理；易燃易爆危险物品和场所防火防爆；专职和义务消防队的组织管理；灭火和应急疏散预案演练；燃气和电气设备的检查和管理（包括防雷、防静电）；消防安全工作考评和奖惩；其他必要的消防安全内容。

第十九条 单位应当将容易发生火灾、一旦发生火灾可能严重危及人身和财产安全以及对消防安全有重大影响的部位，确定为消防安全重点部位，设置明显的防火标志，实行严格管理。

第二十条 单位应当对动用明火实行严格的消防安全管理。禁止在具有火灾、爆炸危险的场所使用明火；因特殊情况需要进行电、气焊等明火作业的，动火部门和人员应当按照单位的用火管理制度办理审批手续，落实现场监护人，在确认无火灾、爆炸危险后方可动火施工。动火施工人员应当遵守消防安全规定，并落实相应的消防安全措施。

公众聚集场所或者两个以上单位共同使用的建筑物局部施工需要使用明火时，施工单位和使用单位应当共同采取措施，将施工区和使用区进行防火分隔，清除动火区域的易燃、可燃物，配置消防器材，专人监护，保证施工及使用范围的消防安全。

公共娱乐场所在营业期间禁止动火施工。

第二十一条 单位应当保障疏散通道、安全出口畅通，并设置符合国家规定的消防安全疏散指示标志和应急照明设施，保持防火门、防火卷帘、消防安全疏散指示标志、应急照明、机械排烟送风、火灾事故广播等设施处于正常状态。

严禁下列行为：

（一）占用疏散通道；

（二）在安全出口或者疏散通道上安装栅栏等影响疏散的障碍物；

（三）在营业、生产、教学、工作等期间将安全出口上锁、遮挡或者将消防安全疏散指示标志遮挡、覆盖；

（四）其他影响安全疏散的行为。

第二十二条 单位应当遵守国家有关规定，对易燃易爆危险物品的生产、使用、储存、销售、运输或者销毁实行严格的消防安全管理。

第二十三条 单位应当根据消防法规的有关规定，建立专职消防队、义务消防队，配备相应的消防装备、器材，并组织开展消防业务学习和灭火技能训练，提高预防和扑救火灾的能力。

第二十四条 单位发生火灾时，应当立即实施灭火和应急疏散预案，务必做到及时报警，迅速扑救火灾，及时疏散人员，邻近单位应当给予支持。任何单位、人员都应当无偿为报火警提供便利，不得阻拦报警。

单位应当为公安消防机构抢救人员、扑救火灾提供便利和条件。

火灾扑灭后，起火单位应当保护现场，接受事故调查，如实提供火灾事故的情况，协助公安消防机构调查火灾原因，核定火灾损失，查明火灾事故责任。未经公安消防机构同意，不得擅自清理火灾现场。

第四章　防火检查

第二十五条　消防安全重点单位应当进行每日防火巡查，并确定巡查的人员、内容、部位和频次。其他单位可以根据需要组织防火巡查。巡查的内容应当包括：

（一）用火、用电有无违章情况；

（二）安全出口、疏散通道是否畅通，安全疏散指示标志、应急照明是否完好；

（三）消防设施、器材和消防安全标志是否在位、完整；

（四）常闭式防火门是否处于关闭状态，防火卷帘下是否堆放物品影响使用；

（五）消防安全重点部位的人员在岗情况；

（六）其他消防安全情况。

公众聚集场所在营业期间的防火巡查应当至少每二小时一次；营业结束时应当对营业现场进行检查，消除遗留火种。医院、养老院、寄宿制学校、托儿所、幼儿园应当加强夜间防火巡查，其他消防安全重点单位可以结合实际组织夜间防火巡查。

防火巡查人员应当及时纠正违章行为，妥善处置火灾危险，无法当场处置的，应当立即报告。发现初起火灾应当立即报警并及时扑救。

防火巡查应当填写巡查记录，巡查人员及其主管人员应当在巡查记录上签名。

第二十六条　机关、团体、事业单位应当至少每季度进行一次防火检查，其他单位应当至少每月进行一次防火检查。检查的内容应当包括：

（一）火灾隐患的整改情况以及防范措施的落实情况；

（二）安全疏散通道、疏散指示标志、应急照明和安全出口情况；

（三）消防车通道、消防水源情况；

（四）灭火器材配置及有效情况；

（五）用火、用电有无违章情况；

（六）重点工种人员以及其他员工消防知识的掌握情况；

（七）消防安全重点部位的管理情况；

（八）易燃易爆危险物品和场所防火防爆措施的落实情况以及其他重要物资的防火安全情况；

（九）消防（控制室）值班情况和设施运行、记录情况；

（十）防火巡查情况；

（十一）消防安全标志的设置情况和完好、有效情况；

（十二）其他需要检查的内容。

防火检查应当填写检查记录。检查人员和被检查部门负责人应当在检查记录上签名。

第二十七条　单位应当按照建筑消防设施检查维修保养有关规定的要求，对建筑消防设施的完好有效情况进行检查和维修保养。

第二十八条　设有自动消防设施的单位，应当按照有关规定定期对其自动消防设施进行全面检查测试，并出具检测报告，存档备查。

第二十九条　单位应当按照有关规定定期对灭火器进行维护保养和维修检查。对灭火器应当建立档案资料，说明配置类型、数量、设置位置、检查维修单位（人员）、更换药剂的时间等有关情况。

第五章　火灾隐患整改

第三十条　单位对存在的火灾隐患，应当及时予以消除。

第三十一条　对下列违反消防安全规定的行为，单位应当责成有关人员当场改正并督促落实：

（一）违章进入生产、储存易燃易爆危险物品场所的；

（二）违章使用明火作业或者在具有火灾、爆炸危险的场所吸烟、使用明火等违反禁令的；

（三）将安全出口上锁、遮挡，或者占用、堆放物品影响疏散通道畅通的；

（四）消火栓、灭火器材被遮挡影响使用或者被挪作他用的；

（五）常闭式防火门处于开启状态，防火卷帘下堆放物品影响使用的；

（六）消防设施管理、值班人员和防火巡查人员脱岗的；

（七）违章关闭消防设施、切断消防电源的；

（八）其他可以当场改正的行为。

违反前款规定的情况以及改正情况应当有记录并存档备查。

第三十二条　对不能当场改正的火灾隐患，消防工作归口管理职能部门或者专兼职消防管理人员应当根据本单位的管理分工，及时将存在的火灾隐患向单位的消防安全管理人或者消防安全责任人报告，提出整改方案。消防安全管理人或者消防安全责任人应当确定整改的措施、期限以及负责整改的部门、人员，并落实整改资金。

在火灾隐患未消除之前，单位应当落实防范措施，保障消防安全。不能确保消防安全，随时可能引发火灾或者一旦发生火灾将严重危及人身安全的，应当将危险部位停产停业整改。

第三十三条 火灾隐患整改完毕，负责整改的部门或者人员应当将整改情况记录报送消防安全责任人或者消防安全管理人签字确认后存档备查。

第三十四条 对于涉及城市规划布局而不能自身解决的重大火灾隐患，以及机关、团体、事业单位确无能力解决的重大火灾隐患，单位应当提出解决方案并及时向其上级主管部门或者当地人民政府报告。

第三十五条 对公安消防机构责令限期改正的火灾隐患，单位应当在规定的期限内改正并写出火灾隐患整改复函，报送公安消防机构。

第六章　消防安全宣传教育和培训

第三十六条 单位应当通过多种形式开展经常性的消防安全宣传教育。消防安全重点单位对每名员工应当至少每年进行一次消防安全培训。宣传教育和培训内容应当包括：

（一）有关消防法规、消防安全制度和保障消防安全的操作规程；

（二）本单位、本岗位的火灾危险性和防火措施；

（三）有关消防设施的性能、灭火器材的使用方法；

（四）报火警、扑救初起火灾以及自救逃生的知识和技能。

公众聚集场所对员工的消防安全培训应当至少每半年进行一次，培训的内容还应当包括组织、引导在场群众疏散的知识和技能。

单位应当组织新上岗和进入新岗位的员工进行上岗前的消防安全培训。

第三十七条 公众聚集场所在营业、活动期间，应当通过张贴图画、广播、闭路电视等向公众宣传防火、灭火、疏散逃生等常识。

学校、幼儿园应当通过寓教于乐等多种形式对学生和幼儿进行消防安全常识教育。

第三十八条 下列人员应当接受消防安全专门培训：

（一）单位的消防安全责任人、消防安全管理人；

（二）专、兼职消防管理人员；

（三）消防控制室的值班、操作人员；

（四）其他依照规定应当接受消防安全专门培训的人员。

前款规定中的第（三）项人员应当持证上岗。

第七章 灭火、应急疏散预案和演练

第三十九条 消防安全重点单位制定的灭火和应急疏散预案应当包括下列内容：

（一）组织机构，包括：灭火行动组、通讯联络组、疏散引导组、安全防护救护组；

（二）报警和接警处置程序；

（三）应急疏散的组织程序和措施；

（四）扑救初起火灾的程序和措施；

（五）通讯联络、安全防护救护的程序和措施。

第四十条 消防安全重点单位应当按照灭火和应急疏散预案，至少每半年进行一次演练，并结合实际，不断完善预案。其他单位应当结合本单位实际，参照制定相应的应急方案，至少每年组织一次演练。

消防演练时，应当设置明显标识并事先告知演练范围内的人员。

第八章 消防档案

第四十一条 消防安全重点单位应当建立健全消防档案。消防档案应当包括消防安全基本情况和消防安全管理情况。消防档案应当详实，全面反映单位消防工作的基本情况，并附有必要的图表，根据情况变化及时更新。

单位应当对消防档案统一保管、备查。

第四十二条 消防安全基本情况应当包括以下内容：

（一）单位基本概况和消防安全重点部位情况；

（二）建筑物或者场所施工、使用或者开业前的消防设计审核、消防验收以及消防安全检查的文件、资料；

（三）消防管理组织机构和各级消防安全责任人；

（四）消防安全制度；

（五）消防设施、灭火器材情况；

（六）专职消防队、义务消防队人员及其消防装备配备情况；

（七）与消防安全有关的重点工种人员情况；

（八）新增消防产品、防火材料的合格证明材料；

（九）灭火和应急疏散预案。

第四十三条 消防安全管理情况应当包括以下内容：

（一）公安消防机构填发的各种法律文书；

（二）消防设施定期检查记录、自动消防设施全面检查测试的报告以及维修保养的记录；

（三）火灾隐患及其整改情况记录；

（四）防火检查、巡查记录；

（五）有关燃气、电气设备检测（包括防雷、防静电）等记录资料；

（六）消防安全培训记录；

（七）灭火和应急疏散预案的演练记录；

（八）火灾情况记录；

（九）消防奖惩情况记录。

前款规定中的第（二）、（三）、（四）、（五）项记录，应当记明检查的人员、时间、部位、内容、发现的火灾隐患以及处理措施等；第（六）项记录，应当记明培训的时间、参加人员、内容等；第（七）项记录，应当记明演练的时间、地点、内容、参加部门以及人员等。

第四十四条 其他单位应当将本单位的基本概况、公安消防机构填发的各种法律文书、与消防工作有关的材料和记录等统一保管备查。

第九章 奖 惩

第四十五条 单位应当将消防安全工作纳入内部检查、考核、评比内容。对在消防安全工作中成绩突出的部门（班组）和个人，单位应当给予表彰奖励。对未依法履行消防安全职责或者违反单位消防安全制度的行为，应当依照有关规定对责任人员给予行政纪律处分或者其他处理。

第四十六条 违反本规定，依法应当给予行政处罚的，依照有关法律、法规予以处罚；构成犯罪的，依法追究刑事责任。

第十章 附 则

第四十七条 公安消防机构对本规定的执行情况依法实施监督，并对自身滥用职权、玩忽职守、徇私舞弊的行为承担法律责任。

第四十八条 本规定自 2002 年 5 月 1 日起施行。本规定施行以前公安部发布的规章中的有关规定与本规定不一致的，以本规定为准。

附　录 4

重庆市消防设施管理规定

（重庆市人民政府令第 140 号）

《重庆市消防设施管理规定》已经 2002 年 10 月 15 日市人民政府第 122 次常务会议通过，现予发布，自 2002 年 12 月 1 日起施行。

重庆市代市长　王鸿举

2002 年 10 月 16 日

第一条　为进一步加强消防设施的管理，适应公共消防安全的需要，增强抗御火灾的能力，根据《重庆市消防条例》，制定本规定。

第二条　本市行政区域内城市消防设施的管理，适用本规定。本市行政区域内乡和集镇消防设施的管理，参照本规定执行。

第三条　本规定所指消防设施包括：

（一）消防队（站）、消防趸船、消防直升飞机停机场（坪）、消防训练及后勤保障设施；

（二）室外消火栓、消防水池、消防取水码头、消防供水管网及其他消防取水装置；

（三）消防车通道、消防安全疏散通道、防火间距、消防安全标志、户外消防安全宣传设施；

（四）火警信号传输线路、户外通讯机站及配套设施；

（五）火灾自动报警系统、消防给水系统、泡沫灭火系统、气体灭火系统、防排烟、应急照明和疏散指示标志、防火分隔、安全疏散等建筑消防设施；

（六）其他防火、灭火、抢险救援装备和设施。

第四条　各级人民政府应当将城市消防设施纳入公共安全设施，统一规划，同步建设，确保消防设施的建设与城市经济社会发展相适应。

第五条　消防设施的设置，应当符合城市消防规划要求，符合国家有关技术标准和规范。

第六条　符合下列情形之一的应当建微型消防队（站）：

（一）居民住宅小区住户在 1 500 户至 4 000 户；

（二）旧城改造、新区开发总建筑面积为 30 万至 40 万平方米。

未达到前款规定的，集中统一建站；超过前款规定的，应当根据《城市消防站建设标准》建普通站。

微型消防队（站）可以单独建设，也可设置在建筑物平街层，建筑面积不应小于 400 平方米，配置不少于 2 辆消防车及相关的消防装备和设施。

微型消防队（站）房屋设施由开发建设单位出资修建，配备其他设施所需费用按第十六条规定办理。

第七条　根据城市规划和消防总体规划以及水资源开发利用规划，分步骤建设消防固定取水点（取水码头）。

水文水资源单位应当向公安消防机构提供水文水资源情况。

第八条　市政消火栓的设置和维护由城市供水部门负责。

设置市政消火栓除执行有关规定外，还应当符合下列要求：

（一）街道宽度超过 60 米时，道路两侧和城市（镇）主干道十字路口应当设置消火栓；

（二）消火栓供水管网符合消防规划要求，城市（镇）主干道改造时，应当同时改造、安装消防供水管网和消火栓，城区主干道供水管道口径不小于 300 毫米；

（三）临近城市（镇）主干道的单位和居民住宅区域内的建筑物外的消火栓，应当设置在消防通道两侧或通道交叉口。

第九条　城市供水部门应当经常性对消火栓进行检修，发现问题应当及时处理，重大问题报当地公安消防机构。

第十条　设有消防用水设施专用水管的单位，应当在供水管网进户地点安装进户消防用水计量仪表，由供水单位管理。

实行二次加压供水的建（构）筑物，应当保证消防用水的水量和水压。二次供水涉及消防的安装设计经公安消防机构审核后不得随意更改。

第十一条　无消火栓或消防供水不足的大面积棚户区和耐火等级低的建筑密集区应当根据具体条件修建消防水池，且每个水池容量不应小于 50 立方米。

城市（镇）主干道旁、人员聚集场所的消防水池应当加盖，并设置不得小于 50×50 厘米的取水口。

室外消防水池的水位不得低于上沿 20 厘米；单位、居民住宅区设置的生产、生活、消防合用的水池应当符合有关规定。

消防水池应当设置明显标志，水池顶部未经公安消防机构批准，禁止修建其它建（构）筑物或固定设施，取水口 5 米半径内不准设置固定设施。

对消防水池进行维修、换水作业时，应当告知当地公安消防机构。

第十二条　因城市（镇）建设需要拆迁消火栓、消防水池的，应当经公安消防机构批准。道路施工影响消防车执行任务或影响消火栓、消防水池取水灭火的，应当事先告知当地公安消防机构。

因施工可能影响消火栓使用的，应当告知当地公安消防机构，并采取相应的补救措施，设置醒目标志。

第十三条　电信部门应当按规定建设并确保火警信号传输线路的畅通。

第十四条　因道路施工影响消防车通行或者因故停水、停电、切断通信线路可能影响灭火救援工作的，有关部门应当事先通知公安消防机构，并采取相应补救措施。

第十五条　建筑消防设施使用单位应当按照公安消防机构的有关规定落实维护保养、日常管理、值班、检测等制度。

建筑消防设施发生重大故障进行维修和年度检测时，应当在当日内报告公安消防机构。

第十六条　属于固定资产投资范围内的消防设施建设和使用维护费用，按国家和市政府有关规定执行。

企业、事业、机关、学校等单位内的消防设施建设和维护资金，由各单位依照国家有关规定自行解决。

第十七条　单位出售已报废的消防设施设备应当出据证明，回收单位应当登记；物资回收单位不得收购公民个人私自销售的消防设施设备和抢险救援专用设施。

第十八条　任何单位和个人都有义务保护消防设施，严禁下列行为：

（一）将消防设施挪作它用；

（二）擅自拆迁、埋压、圈占、占用、停用或者损毁消防设施；

（三）在防火卷帘下堆放物品；

（四）损毁或擅自拆除消防安全标志、户外消防安全宣传设施；

（五）在消防队（站）前从事影响执勤训练、灭火出动等活动。

第十九条　违反本规定第十一条第四款、第十二条、第十八条的，对个人处警告或200元以上2 000元以下的罚款；对单位处警告或3 000元以上10 000元以下的罚款；情节严重的，处10 000元以上30 000元以下的罚款，并对其直接负责的主管人员和其他直接责任人员处警告或200元以上2 000元以下的罚款。

埋压、圈占消火栓、消防水池，损坏、拆除、停用消防设施、器材，占用防火间距，堵塞消防通道的，除给予行政处罚外，还应当责令其限期恢复原状或赔偿损失。对逾期不恢复原状的，由公安消防机构强制拆除或清除，所需费用由违法行为人承担。

第二十条　对违反本规定行为的行政处罚，由县级以上公安消防机构决定。

第二十一条　当事人对公安消防机构行政处理决定不服的，可依法申请复议或提起行政诉讼。

第二十二条　本规定自2002年12月1日起施行。